KB075035

그때 아이에게 이런 말을 했더라면

일러두기

* 일반적으로 책 제목은《 》으로. 특정 작품명은〈 〉으로 구분하여 표기하나
원고의 특성상 구분이 애매한 것들은〈 〉으로 통일했습니다.

• 아이 마음부터 챙겨 주는 다정하고 지혜로운 '부모 언어' 수업 •

그때 아이에게
이런 말을 했더라면

정재영 지음

"내 아이, 서울대만 보내면 다 되는 줄 알았습니다."

아이와의 관계가 틀어지고 나서야 후회한
50대 부부의 진심 어린 육아 조언

체인지업
CHANGEUP

더 나은 부모가 되고 싶은 사람들에게

부모로서 후회하는 말의 종류는 둘입니다. 했던 말과 하지 않은 말이 그것이죠. 상처 주고 의욕을 떨어뜨리고 자존감을 쪼그라들게 했던 나쁜 말을 뱉은 게 육아 기간 내내 후회스럽습니다. 그런데 아이가 다 자라고 드디어 꿈에 그리던 육아 은퇴를 한 후에야, 아이에게 하지 않았던 좋은 말들이 떠올라 후회스럽습니다.

저처럼, 좀 더 현명하고 의미 깊은 말을 한다면, 아이가 더 행복해지지 않았을까, 하고 자책하는 섬세하거나 소심한 부모들이 있을 겁니다. 이 책은 그런 부모들을 위해 썼습니다. 즉, 하지 않아서 후회할 부모의 말에 대한 소회를 담은 책인 것이죠.

저희 부부는 1999년 아이를 얻었습니다. 아이는 이제 성인이 되어 직장생활을 하고 있습니다. 저희 부부가 아이에게 하지 않아 후회스러운 이야기들은 예를 들면 이런 것들입니다.

"

남을 수단으로 여기지 마라.

너 자신에게 진실한 사람이 되어야 한다.

왕자님이나 공주님과의 결혼 말고도 행복은 많다.

단점과 실수가 너를 아름답게 만든다.

"

아이에게 정말 필요한 삶의 교훈들인데, 저희 부부는 왜 저런 말을 해주지 못하고 이제 와서 후회하는 걸까요? 무엇보다 육아의 초고도 노동 강도 때문입니다. 육아는 정신과 육체의 에너지를 블랙홀처럼 빨아들이는 노동이잖아요. 그러니 직접 양육자는 여유나 경황이 없습니다. 정신이 혼미합니다. 하루하루 아이의 언행을 통제하는 말만 급급할 뿐이지, 깊고 멀리 보면서 인생의 조언을 할 여유가 없는 겁니다.

설사 양육자가 정신을 초집중해서 아이를 위한 조언을 고안해도 여전히 문제는 남습니다. 메시지 전달이 또 고난도의 일입니다. 중요한 교훈을 아이의 마음속까지 전달하는 건 무척 어려운 일이잖아요. 결국 아이가 알아듣게 말하는 방법이 마땅찮아서, 부모는 기껏 준비한 인생의 교훈도 자기 가슴에 담아두고 침묵하는 경우가 허다합니다. 그래서 교훈 전달 기법을 소개하는 것도 이 책의 중요한 목표로 잡았습니다. 스토리텔링을 통해서 부모의 생각을 아이에게 전달할 수 있습니다. 특히 익숙한 동화를 활용하는 방법이 좋습니다.

예를 들어서 "사람은 외모에 상관없이 모두 아름답다"는 말을 아이에게 해준다고, 아이가 납득하거나 가슴에 새기지는 못합니다. 그 대신 〈백설 공주〉의 키 작은 친구들이 얼마나 이타적이고 훌륭한 인격체인지 설명해 주면 어떨까요? 아이들은 "모든 사람은 외모와 무관하게 아름답다"는 사실에 깊이 공감할 가능성이 높아집니다.

또 "힘든 일을 겪어야 성장한다"는 교훈을 아이에게 들려줄 때도 마찬가지입니다. 교훈만으로는 설득력이 없습니다. 대신 스토리에 녹여서 이야기해야 하죠. 가령 힘든 일을 겪은 후에 더욱 성장하고 행복해진 신데렐라, 백설 공주, 야수, 알라딘, 곰돌이 푸 등을 예시한다면 메시지 전달력이 급상승할 겁니다. 그러니까 이 책의 각 절은 두 부분으로 구성됩니다. '아이를 위한 인생 교훈 + 동화를 이용한 교훈 전달법'이 모든 절의 구성인 것이죠.

주제를 놓고 동화 이야기를 하다 보면, 아이들은 서사를 창의적으로 이해하고 논평하는 능력도 갖게 될 거라고 저희는 기대합니다. 동화 서사에서 모든 게 시작되는 것 같아요. 아이의 자기 개념과 인생관과 세계관까지 모든 것이 동화 서사를 재료로 만들어진다는 것이죠. 때문에 부모님과의 동화 대화는 아이에게 특별하고 결정적인 시간일 게 분명합니다.

부디 여러분은 아이를 후회 없이 기르시기를 바랍니다, 라고 흔한 덕담을 하지는 않겠습니다. 어떻게 기른다 해도, 그리고 아무리 현명한 부모였다 해도, 결국은 크고 작은 후회가 남는 게 육아의 피할 수 없는 결과인 듯합니다.

대신 아이를 믿어보자고 제안합니다. 아이의 정신에는 부모의 선한 영향뿐 아니라 나쁜 영향까지 심어지겠지만, 아이 스스로 나쁜 영향을 삭이고 극복하면서 행복을 찾아갈 겁니다. 부모도 그랬듯이 말입니다. 넓게 보면 부모뿐 아니라 부모의 부모와 그 위의 부모도 자기 부모의 밝고 어두운 두 종류 영향을 품은 채 인생을 잘들 살지 않았습니까?

유전의 말단에 있는 현재의 아이들도 잘 살 것입니다. 부모의 나쁜 영향에도 불구하고 건새할 게 분명해요. 부모가 할 일은 가능한 한 최선을 다한 뒤 아이의 밝은 미래를 굳게 믿어주는 것뿐이라고 저는 생각합니다.

2024년 여름, 정재영 드림

CONTENTS

CHAPTER 3
기다려야 했습니다, 서서히 무르익기를

CHAPTER 4
헤아려봐야 했습니다, 아이의 두려움을

CHAPTER 5
기억하길 바랍니다, 인생의 본질을

CHAPTER 1

의심해야 했습니다,
내가 배워온 것들을

현재의 기쁨과 미래의 기쁨을
조화시켜야 한다

저희 부부는 미래의 기쁨을 위해 현재의 기쁨을 희생시켜야 한다고 믿었고, 그렇게 가르쳤습니다. 그런데 세월이 지난 후 성찰해 보니, 썩 좋은 가르침이 아니었던 것 같아요. 둘을 조화시킬 수 있는 방법을 찾는 게 더 좋았을 것 같습니다.

다들 아는 사실이죠. 발생 시점을 기준으로 기쁨에는 두 가지가 있잖아요. 현재의 기쁨과 미래의 기쁨이 서로 연결되어 삶을 이룹니다. 그런데 아이는 이런 구분이 생경할 테니 자세하게 설명을 해줘야 했습니다.

"기름진 야식을 먹거나, 게임을 하거나, 게으름 피우며 하루 종일 쉬는 행위는 현재의 기쁨을 준단다. 미래의 기쁨이 되기 어렵지. 반면 숙제를 하거나 청소를 하는 건 힘들지만 미래의 기쁨을 위한 행위이고."

아이가 현재의 기쁨에만 빠지지 않도록 가르치는 게 중요하다고 하잖아요. 저희도 똑같이 판단하고 아이를 교육했습니다. 두 가지 기쁨을 구별하는 연습이 필요하다고 생각해 이런 질문도 자주 했었어요.

"그 행동은 현재의 기쁨과 미래의 기쁨 중 무엇을 위한 거니?"

기름진 야식을 먹는 것은 현재의 기쁨을 위한 행동입니다. 내일 아침만 되어도 후회할 수 있겠죠. 반면 방 청소는 당장은 피곤한 일이지만, 청소가 끝난 후 기분이 상쾌해질 테니 미래의 기쁨을 위한 행동입니다.

현재의 기쁨과 미래의 기쁨을 분별하는 데 도움이 될 동화 중에서도 대표적인 것이 〈아기돼지 삼형제〉입니다. 동화를 읽은 후 이렇게 질문해볼 수 있어요. "돼지 형제 중에서 누가 현재의 기쁨을 중요하게 생각하는 것 같니?"

첫째 돼지는 지푸라기를 모아서, 둘째 돼지는 나무 조각을 모아서 집을 만들었습니다. 나무 조각이나 지푸라기를 모아 집을 만드는 건 쉬운 일입니다. 조금만 일해도 되죠. 힘든 일을 조금만 하면 오래 놀 수 있어요. 그러니까 현재의 기쁨을 최대화하는 행위입니다.

그런데 문제가 생깁니다. 미래의 기쁨은 줄어들게 됩니다. 집이 튼튼하지 않아 여러 불편을 겪어야 하니, 미래의 기쁨은 일부 희생되는 셈입니다.

반대로 막내 돼지는 벽돌을 이용해서 집을 만들었습니다. 땀이 나고 몸은 피로하겠죠. 현재의 기쁨은 적습니다. 하지만 미래에 편하고 안전하게 쉴 수 있어요. 즉 막내 돼지는 커다란 미래의 기쁨을 누릴 수 있었습니다.

첫째 돼지와 둘째 돼지는 현재의 기쁨을 최대화했고, 막내 돼지는 미래의 기쁨을 최대화하려고 노력했기 때문에, 서로 다른 결과를 갖게 된 것입니다.

막내 돼지는 현재의 기쁨을 포기하는 현명함을 상징한다고 말할 수 있습니다. 저희 부부는 그렇게 아이에게 가르쳤습니다. 막내 돼지처럼 미래의 기쁨을 우선해야 행복할 수 있다고요. 그런데 정말 그럴까요? 미래의 기쁨을 위해 현재의 기쁨을 희생시켜야만 현명한가요?

양육자일 때는 그렇게 믿었지만 이제 오십대 중반을 넘어선 저희 부부는 다르게 생각하게 되었습니다. 현재의 기쁨과 미래의 기쁨을 조화시키는 게 현명하다고 믿게 된 것이죠.

가끔 정크 푸드를 먹을 수도 있죠. 너무 먹고 싶어서 꼭 입에 넣어야 기분이 좋아질 때가 있습니다. 그럴 때는 먹어도 괜찮습니다. 건강 문제는 내일 건강식을 먹는 것으로 상쇄될 수 있습니다. 또 오늘은 좀 게으르게 쉴 수도 있습니다. 그래야 내일 에너지가 넘치게 될 테니까요.

두 가지 기쁨이 충돌할 경우에는 절충하는 길도 있습니다. 가령 배가 몹시 고픈데 야식을 먹으면 체중이 증가할까 봐 걱정되는 경우는 어떡해야 할까요? 조금만 먹는 것이 절충안입니다. 또는 건강식으로 배를 채울 수도 있겠죠. 다음 주에 시험인데 오늘 스마트폰 게임을 하고 싶어도 절충이 가능합니다. 게임 시간을 줄여서 하면 되는 것입니다.

사실 많은 경우 두 가지 기쁨이 이분법적이지는 않습니다. 하나의 행동이 오늘의 기쁨이자 미래의 기쁨을 낳을 수 있어요. 즐겁게 뛰어놀면 현재에 기분이 좋고 미래에는 건강해지니까 유익합니다. 정크 푸드를 조금 섭취한 후 공부에 집중이 잘 된다면, 정크 푸드가 미래의 시험 성적도 상승시키는 셈입니다.

요컨대 현재의 기쁨을 무조건 백안시해서는 안 된다는 것입니다. 하나를 일방적으로 희생시키기보다는, 둘의 조화 내지 절충을 모색하는 게 현실적이고 현명하다는 생각을, 아이를 다 키우고 나서야 갖게 되었습니다.

뒤늦게 깨달았으니 과거의 저희 아이에게 말하는 게 물리적으로 불가능한 일이겠죠. 기회가 되면 이제 성인이 된 아이에게 고백할 생각입니다. 그때 미래의 기쁨만 강조했던 엄마 아빠도 철부지였다고 말이죠.

이겨도 겸손하고 져도
당당해야 우아하다

강아지 같이 사랑스러운 아이들도 결국 경쟁은 피할 수 없습니다. 유치원에만 가도 보이지 않는 경쟁이 시작되어서 아이들은 몹시 쓰라린 상처를 받게 됩니다. 상처가 쓰라린 것은 경쟁 속에서 아이의 자기 이미지가 아슬아슬 흔들리기 때문입니다. 패배의 경험이 누적된 후에는 그간 찬사와 인정만 받던 자기 이미지가 가족들이 꾸민 허상이 아닌지 의심하게 되는 것이죠.

안타까워도 어쩔 수 없죠. 경쟁적인 사회 질서나 집단의식이 뒤바뀌지 않는 이상 우리 아이를 경쟁에서 제외시키는 것은 불가능합니다. 또 우리 아이만 경쟁에서 매번 이기게 만드는 것도 역시 꿈에서나 가능합니다.

그런데 저희 부부는 어땠냐고요? 아이가 뭐든 잘해내서 선두에 서면 정신없이 기뻐했고요. 아이가 뒤처지면 몹시 고통스러워하며 음주로 속을 풀 때가 적지 않았습니다. 아이는 저희 부부의 도움보다는 외롭게, 경험을 통해 승패에 대한 태도를 터득한 것 같습니다. 돌아보니 미안하네요. 아이의 승리에는 자부심이 지나쳤고, 패배에는 화가 넘쳤던 모습들이요. 좀 더 의연했어야하는데 후회도 되고 미안하기도 하네요.

다행스럽게도 이 책을 읽고 계신 부모님들은 할 수 있는 일이 있습니다. 경쟁에 대한 건강한 태도를 알려주는 거예요. 지거나 이기거나 항상 우아한 태도를 유지하도록 도와주는 겁니다. 아이에게 이런 개념을 알려주면 좋겠습니다.

'이겨도 겸손해야 하고 져도 당당해야 한다.'

10살 전후 아이로서는 저런 당위만 들으면 아리송할 테죠. 어떻게 이해시켜야 할까요? 당연하게도 스토리텔링이 효과적입니다. 예를 들어 〈토끼와 거북이〉 이야기를 대화의 출발로 삼을 수 있습니다. 이야기를 들려주고, 아이에게 느낀 점을 물어볼 수 있겠죠.

"거북이와 토끼의 경주 이야기를 듣고 뭘 느꼈니?"

"끈기가 중요하다는 걸 느꼈어요. 포기하지 않고 끈기 있게 노력하면 원하는 것을 얻을 수 있네요. 거북이처럼 말이죠."

"와. 정확해. 너 대단한데…."

맞습니다. 성실성이 재능을 이긴다는 걸 거북이가 알려 줍니다. 그런데 이 스토리는 승패에 대한 태도를 깨닫게 하는 목적으로도 쓰일 수 있습니다. 이렇게 질문하면 될 것 같아요.

"그런데 거북이가 이기고 나서 토끼한테 뭐라고 말하는 게 좋을까?"

질문하고 두 가지 선택지를 주는 거죠.

"야호. 내가 숲에서 가장 빠른 동물이 됐네. 신난다. 나 정말 대단하지 않니? 나 멋있지?"

"오늘은 내가 이겼어. 하지만 다음엔 네가 이길지도 몰라. 너는 훌륭한 달리기 선수니까."

전자는 오만한 말이고, 후자는 겸손한 태도의 말입니다. 어느 쪽이 올바른지는 자명합니다. 경쟁에서 이긴 후에 겸손하려고 노력한다는 건, 한없이 높이 떠오르는 자신을 적절히 끌어 내린다는 뜻입니다. 승리의 맛에 도취되지 않으려고 자기 조절한다는 의미죠.

이긴 사람은 자신도 모르게 오만해지기 쉬워요. 그렇게 되면 패자뿐 아니라 구경꾼에게도 큰 실망을 주게 됩니다. 승리 후에도 겸손한 사람이 멋있습니다. 친구들도 박수를 더 많이 보낼 겁니다.

그럼 패배한 토끼는 어떤 생각을 가져야 할까요? 아이에게 이렇게 질문하는 방법이 있어요.

"경주에서 진 토끼는 거북이한테 뭐라고 말하는 게 좋을까?"

이번에도 두 가지 선택지를 줍니다.

"너무 부끄럽다. 난 어리석고 바보 같아서 경주에서 지고 말았어. 흑흑"

"축하해. 오늘은 졌네. 하지만 다음엔 내가 더 좋은 경기를 할 거야."

전자는 자책하는 말이고, 후자는 당당한 태도의 말입니다. 경쟁에서 지더라도 자신을 비하하거나 미워하지 않는 게 좋다는 것을 우리 아이들도 잘 알아야 하겠습니다. 패배 후에도 당당하려고 노력한다는 것은 땅 밑으로 가라앉는 자신을 끌어올리려고 애쓴다는 뜻입니다.

어떤 패배도, 모든 승리가 그런 것처럼, 최종은 아니잖아요. 또 패배와 인격은 별개이고요. 그 사실을 기억하는 아이는 언제나 당당할 수 있습니다. 그리고 당당한 태도를 가져야 다시 힘을 낼 수 있고, 마음의 상처도 적어질 테죠.

다시 말씀드리지만, 부모가 아이의 인생에서 경쟁을 제거할 수는 없습니다. 아이가 항상 승리하도록 만드는 일도 지구 공전을 멈추는 것처럼 불가능합니다. 부모가 할 수 있는 훌륭한 역할은 우아한 태도가 선택지로 있다는 걸 알려주는 것입니다.

결과 앞에서 우아한 아이는 승패의 결과를 초월하는 힘이 생기지 않을까요? 패배의 상처가 깊지 않을 테고 승리의 오만에 흠뻑 오염되지도 않을 겁니다. 그러면 이기고 지는 데 얽매이지 않고 최선의 노력에 집중할 수 있습니다. 집중이야말로 행복한 인생의 중요한 비결입니다. 이겨도 겸손하고 져도 당당한 아이가 단연 행복합니다.

올바르고 현실적인 욕심은
좋은 것이다

"너, 너무 불만이 많은 거 아냐?" 저희 아이가 초등학교 고학년 시절, 자주 듣던 잔소리입니다. 저희 부부는 아이가 만족과 감사를 중시하는 사람이 되길 바랐습니다. 만족과 감사는 고귀한 미덕인 게 분명하죠. 그런데 불만족도 중요한 가치가 있는데, 당시 양육자이던 저희 부부는 무지했던 것 같습니다.

만족과 불만족의 병립이야말로 행복의 비법입니다. 자기가 가진 것에 만족하는 동시에 불만족하는 정신적 묘기를 부려야 행복하다는 이야기입니다. 이유는 분명하죠. 만족하지 않으면 삶이 고통스럽고, 불만족하지 않으면 성장하지 못하기 때문에 만족과 불만족이 똑같이 긴요합니다.

여기서 좀 더 집중해보려 하는 것은 불만족입니다. 우리는 살면서 불만족도 가져야 합니다. 달리 말해서 욕심도 부려야죠. 그런데 욕심을 부릴 때는 지혜가 필요한 것 같습니다. 막무가내로 욕심을 내면 오히려 가진 걸 잃을 수 있으니까요. 이솝 우화에 등장하는 〈욕심쟁이 개〉 이야기를 해볼게요.

고깃덩어리를 물고 강을 건너던 개가 있었습니다. 개는 다리 아래 수면에 비친 자기 모습을 보고는 멈춰 섰습니다. 자신과 비슷하게 생긴 개가 먹음직스러운 고깃덩어리를 입에 물고 있었기 때문이죠. 겁을 줘서 고깃덩어리를 빼앗기로 결심하고는 크게 짖었습니다.

그런데 짖으려고 입을 벌리는 순간 물고 있던 고깃덩어리가 강물에 떨어집니다. 겨우 구한 고깃덩어리는 강물로 떠내려가고 맙니다. 이 유명한 우화의 교훈은 쉽게 알 수 있습니다. 욕심 부리지 말고, 자기 것에 만족해야 한다는 것입니다. 아이에게 이렇게 말하면 어떨까요?

"욕심 부리면 다 잃을 수 있어."

"가진 것에 만족하는 사람이 현명해."

맞는 말이죠. 그런데 단점이 있어요. 평범하고 상투적입니다. 같은 동화를 두고도 창의적인 질문을 하면, 창의적 사고를 길러줄 수 있습니다. 예를 들어서 이런 질문이 가능해요.

"욕심이 났어도 개는 어떡해야 고기를 잃지 않았을까?"

개는 고기를 옆에 내려놓고 짖었어야 했죠. 만일 그랬다면 손실이 전혀 없었겠죠. 그래요. 고기를 내려놓았다면, 수면에 비친 개도 고기를 내려놓았을 테고 그 개와 다툴 이유가 사라졌을 겁니다. 그러니까 욕심을 부리더라도 현명하게 부려야 했던 거겠죠.

앞뒤 사정 봐가며 서두르지 않으면서 똑똑하게 욕심을 내야 합니다. 똑똑한 욕심은 두 가지 조건을 갖춰야 할 것 같습니다. 올바른 욕심이고 현실적인 욕심이어야 합니다. 남의 것을 빼앗거나 규칙을 어기면서까지 욕심을 채우려고 하면 안 되겠죠. 남을 해치지 않고 규칙을 따른다면 그 욕심은 올바른 욕심이고, 그 누구도 뭐라 할 수 없을 겁니다.

욕심의 현실성도 아주 중요합니다. 이룰 수 없는 허황된 목표를 추구하면 괴로울 뿐입니다. 노력하면 이룰 수 있는 꿈을 갖는 것, 그것이 현실적인 욕심입니다. 욕심을 부리면 괴롭죠. 슬픈 일도 생기고요. 하지만 욕심이 올바르고 현실적이라면, 맘껏 욕심내도 괜찮다고 아이에게 말해준다면 좋지 않을까요? 욕심 자체가 나쁠 수는 없습니다. 만족이 아니라 불만족도 해야 사람이 발전하게 됩니다.

너를 불행하게 만드는 사람은
사랑하지 마라

부모들은 아이에게 사교성을 강조합니다. 친구와 잘 지내는 게 무척 중요하다고 가르치는 것이죠. 저희 부부도 다르지 않았어요. 그런데 생각해 보면 모든 친구와 언제나 잘 지낼 수만은 없습니다.

그리고 좋은 관계가 최우선은 아닙니다. 나의 행복이 최우선 가치인 거죠. 그러니까 만일 내 행복을 심각하게 해치는 관계는 접어야 하는 겁니다. 관계 유지를 위해 행복을 포기하는 것은 옳지 않습니다. 그러니 포기해야 할 나쁜 관계의 판별 기준을 알려줬어야 한다고 저희 부부는 후회합니다. 그 기준은 당연히 나의 행불행 여부입니다.

친구도 그렇고 연인도 그렇고 넓은 의미에서 사랑하는 관계입니다. 친구나 연인은 인생 최대의 기쁨을 주는 존재들이죠. 하지만 주의할 게 있어요. 나를 불행하게 만드는 친구들은 사랑하지 말아야 해요. 나를 불행에 빠뜨리는 연인 역시 사랑해서는 안 됩니다. 나를 행복하게 만드는 사람을 사랑해야 합니다. 이때 행복이란 마음이 기쁘고, 설레고, 편안한 상태를 말합니다.

이 단순하고 중요한 삶의 원리를 일찌감치 알려주는 데 좋은 스토리는 〈엄지 공주〉입니다.

옛날에 아이를 갖고 싶어 하던 부인에게 요정이 나타나서 씨앗 하나를 줬습니다. 그 씨앗을 심으니 노랗고 빨간 꽃 한 송이가 피어났는데 꽃 속에 아이가 있었어요. 엄지손가락 크기의 그 아이는 엄지 공주(책에 따르면 '엄지 아가씨')라는 이름을 갖게 됩니다.

그런데 어느 날 두꺼비가 숨어 들어와 엄지 공주를 납치해 갑니다. 자기 아들과 결혼시킬 생각이었어요. 다행히 엄지 공주는 물고기들의 도움 덕분에 두꺼비들에게서 달아날 수 있었습니다. 하지만 그건 고난의 시작에 불과했습니다. 곧 큰 풍뎅이가 나타나서 엄지 공주를 숲속으로 데려갑니다. 풍뎅이들은 엄지 공주가 이상하게 생겼다고 놀리다가 떠나가 버리죠.

엄지 공주는 여름에서 가을까지 숲에서 혼자 지내야 했는데, 추운 겨울이 다가오니 큰일이었어요. 추위 속에서 며칠 동안 아무것도 먹지 못하다가 근처 작은 굴에 사는 들쥐 아줌마 집에서 지내게 됩니다.

그곳에서 엄지 공주에게 아주 기쁜 일이 생겼습니다. 차가운 땅 위에 쓰러진 제비가 있었는데, 엄지 공주가 따뜻한 천으로 덮어 주고 보살펴 줬더니 얼마 후 건강을 되찾고 고마워하며 하늘로 날아올랐던 것입니다. 엄지 공주는 큰 보람을 느꼈어요.

하지만 다시 괴로운 일도 찾아왔습니다. 들쥐 아줌마가 엄지 공주에게 두더지와 결혼하라고 강요하기 시작했어요. 들쥐 아줌마는 두더지가 부자이며 유식하고 좋은 동물이라고 칭찬했습니다.

엄지 공주가 두더지는 마음에 들지 않는다고 하자 들쥐 아줌마는 말을 듣지 않으면 물어뜯겠다는 말까지 했답니다. 그렇게 결혼이 가까워질 무렵이었어요. 엄지 공주는 절망에 빠져 있었는데 하늘에서 제비 우는 소리가 들렸습니다. 제비는 엄지 공주를 구출해 꽃의 나라로 데려갔고, 그곳에서 엄지 공주는 젠틀하고 착한 왕자를 만납니다. 엄지 공주를 항상 기분 좋고 행복하게 만들어주는 왕자와 사랑에 빠진 엄지 공주는 왕자와 결혼하게 됩니다.

〈엄지 공주〉는 여러 메시지가 있는 동화이지만, 무엇보다 '좋은 관계'에 대한 스토리라고 볼 수 있어요. 좋고 올바른 관계가 무엇인지 알려주죠. 이야기를 읽은 후 아이에게 이렇게 물어봤다면 좋았을 것 같아요.

"엄지 공주를 행복하게 한 사람은 누구였니?"
"제비와 왕자였어요."

"그렇지. 그러니까 제비와는 친구가 되었고, 왕자와는 연인이 되었던 거야."

"엄지 공주를 불행하게 만든 이들은 누구였니?"

"두꺼비와 풍뎅이와 들쥐 아줌마였어요."

"맞아. 모두 엄지 공주에게 겁을 줬고 눈물 흘리게 했지. 그런 사람들과는 친해지면 안 돼."

나를 진심으로 좋아하고 행복하게 만드는 사람과 친구가 돼야 하는 겁니다. 연인도 다르지 않고요. 친구, 연인의 기준을 분명하게 세운 아이가 건강하고 안전한 인간관계를 가질 수 있을 것입니다.

저희 부부가 아이를 키우던 시절과 달리 요즘은 이런 시각을 아이에게 적극적으로 권장하는 것 같습니다. 참 다행스러운 변화입니다.

바르게 살아야
인생이 신난다

부모들은 아이들에게 '바르게 살아야 옳다'고 이야기합니다. 저희도 그렇게 수없이 말했어요. 그런데 따져보면 동어반복이죠. 바르게 사는 게 옳은 거고, 옳은 게 바르게 사는 것이니까요. '공은 둥글다'나 '해가 뜨면 내일이다'라는 말처럼 알맹이가 없게 들릴 수도 있어요.

비슷한 조언으로 '바르게 살아야 한다'도 있지만, 의무를 강조하는 것이라 중압감까지는 아니어도 무게감이 부담스러운 게 사실입니다.

좀 더 끌리게 말할 수 있을 것 같아요. '바르게 살아야 신난다'는 말은 어떨까요? 만약 제가 과거로 돌아갈 기회가 생기면, 초등학생인 저희 아이에게 꼭 해주고 싶은 조언입니다. 이런 대화를 아이와 했다면 좋았을 것 같습니다. 동화 스토리에 없는 내용을 상상할 수 있도록 질문을 먼저 던지면서요.

"놀부는 잘못을 뉘우치고 올바르게 살기로 결심해. 결심 전과 후의 표정이 어떻게 달랐을 것 같니?"

"표정 변화요? 저야 잘 모르죠⋯."

"그래. 그러면 아빠가 말할게. 착해지기로 결심하기 전에는 표정이 무서웠을 것 같고, 결심 후에는 밝아졌을 것 같아. 말할 때도 웃었을 거야."

"예. 그럴듯하네요⋯."

"그럼 구두쇠 스크루지는 어땠을까? 표정 변화를 상상할 수 있겠니?"

"놀부와 똑같겠죠. 착한 마음을 품은 뒤로는 밝게 웃었을 것 같아요."

"맞아. 분명히 그랬을 거야."

마음이 밝으면 표정이 밝아지고, 발걸음이 가벼워지며, 인생이 즐겁습니다. 세상 모든 사람들이 경험을 통해서 아는 사실이죠. 그런데 착하다거나 마음이 밝다는 게 무슨 뜻일까요? 바꿔 말해서 바른 사람이 된다는 의미일 겁니다.

거짓말하지 않고, 남을 괴롭히지 않고, 남을 무시하지 않는 겁니다. 즉 진실하고 친절하며 남을 존중하는 사람이 되는 것이죠. 그러면 어떻게 될까요? 기분이 좋아지고 표정이 밝고 신나는 인생이 됩니다. 바르게 살면 신날 뿐 아니라 마음이 뿌듯합니다. 뿌듯하다는 것은 기쁨이 마음을 가득 채운다는 뜻입니다.

〈행복한 왕자〉는 자신을 희생해서 가난한 사람들을 도왔습니다. 왕자의 헌신은 가난한 사람들을 행복하게 했습니다. 왕자 본인은 마음이 뿌듯했을 게 분명해요. 〈피터팬〉은 위험을 무릅쓰고 아이들을 후크선장에게서 구해냈습니다. 피터팬의 정의로운 행동 덕분에 아이들은 안전해졌죠. 그리고 피터팬에게도 이득이 생겼어요. 마음이 뿌듯했을 겁니다.

이처럼 바르게 산다는 건, 우리 자신을 신나고 뿌듯하게 만드는 일입니다. 인간의 의무이기 때문에 바르게 살아야 하는 것도 맞아요. 그와 마찬가지로 바르게 살면 신나고 뿌듯하니까 바른 삶이 이득인 것입니다.

저희 부부는 아이를 기르는 동안에는 깨닫지 못했습니다. 바른 삶이 신나는 삶이라는 사실을요. 다시 돌아간다면 아이에게 이렇게 말해줄 것 같아요.

"게임하고 뛰어 놀면 신나지? 근데 바르게 살아도 신 나고 뿌듯하단다. 맘이 밝아지고 표정도 화사해지고 발걸음도 가벼워져. 반대로 놀부처럼 나쁘게 살면 표정과 마음이 어두워지고 불행해. 세상의 악당들은 모두 불행해. 그러니까 바르게 사는 게 훨씬 이득이란 얘기야. 엄마 아빠는 네 인생이 무척 신나는 삶이기를 기원한단다."

자신의 감정과 생각을
표현하는 것이 자기 사랑이다

자신의 마음을 표현하지 않고 꾹꾹 참는 아이들이 있습니다. 부모들은 안타까워서 야단치듯 말하기 쉽죠. "너는 왜 말을 못하니? 자기 마음을 적극적으로 표현할 줄 알아야 해." 이건 표현을 의무로 규정하는 훈계입니다.

사실 저희 부부도, 저희 주변의 부모들도 다 저런 식으로 말했습니다. 왜 그렇게 꿀밤 먹이듯이 아프게 말했을까요? 아이가 자기표현도 못하고 답답한 가슴을 안고 살아갈까봐 무척 두려웠기 때문이었겠죠.

그런데 아이 입장에서 듣기 좋을까요? 아니겠죠. 아마도 숙제를 떠안는 기분이었을 겁니다. 야단치는 대신 표현을 의무가 아니라 기쁨으로 정의했다면 분위기가 확 달라졌을 거예요.

"자기 느낌을 좋아하는 사람에게 말하면 아주 행복해져."

"마음속 생각을 표현하는 순간 가슴이 시원하게 뚫린단다."

생각과 감정의 표현이 행복하고 기쁜 일이라고 알려주고 나면, 아이들 스스로 용기를 내고 스스로 표현법을 찾아냈을 겁니다. 여기까지 알려주고 좀 더 거들 수도 있어요. 삼국유사에 기록된 설화 〈임금님 귀는 당나귀 귀〉 이야기를 들려주는 겁니다.

〈임금님 귀는 당나귀 귀〉는 표현의 행복감을 가르쳐 주는 이야기입니다. 비슷한 설정의 이야기가 그리스 신화에도 있고 인도 몽골 튀르키예에도 전해진다고 하는데요. 이 세계적인 스토리의 한국 버전은 여러분들도 익히 아실 겁니다.

먼 옛날 임금님(삼국유사에 따르면 신라 경문왕) 귀가 갑자기 길어져 우스꽝스럽게도 당나귀 귀처럼 변했습니다. 임금님은 부끄러운 신체 비밀을 딱 한 사람 빼고 모두에게 비밀로 했어요. 비밀을 아는 유일한 사람은 왕관을 만드는 기술자였습니다. 임금님은 그에게 귀를 가리는 왕관을 만들게 했고, 그 누구에게도 사실을 누설해서는 절대 안 된다고 왕명을 내립니다.

왕관 기술자는 지엄한 왕명에 따라 평생 입을 봉한 채 살았습니다. 그런데 늙어 죽을 때가 되었을 때 위험한 행동을 합니다. 대나무 숲으로 가서 외쳤던 겁니다. "임금님 귀는 당나귀 귀"라고요. 그 후 바람이 불면 대숲에서 그런 소리가 났다고 합니다. '임금님 귀는 당나귀 귀.' 임금님은 대나무들을 베어내게 했지만 그 소리는 사라지지 않았습니다.

이 이야기는 '비밀은 없다'는 진리를 다시 떠올리게 합니다. 또 비밀을 숨기려 해봐야 소용없다는 것도 배우게 해주죠. 시각을 바꾸면 다른 교훈도 보입니다. 저희 아이가 초등학생 시절로 되돌아간다면 저는 아이에게 이렇게 질문했을 겁니다.

"들키면 큰일 날 텐데 왕관 기술자는 왜 위험하게 대나무 숲에서 소리를 질렀을까?"

"그렇게 소리치고 나서, 마음이 어땠을까?"

"너는 왕관 기술자처럼 답답한 적은 없었니?"

왕관 기술자의 입장에서 보면 '임금님 귀는 당나귀 귀'라는 표현을 한 것이 얼마나 행복한 일인지, 표현의 행복을 알려주는 이야기입니다. 말하지 않으면 답답합니다. 스트레스가 쌓이고 기분이 아주 나빠집니다. 반대로 표현은 여러 모로 사람을 행복하게 합니다. 우선 기분을 좋게 합니다. 감정이나 의견을 표현하면 속이 시원해집니다. 대나무 숲에 갔던 그 왕관 기술자도 그랬을 겁니다. 홀가분하고 후련한 기분을 느끼기 위해서는 마음을 믿는 사람에게 털어놓으라고 아이에게도 알려주면 좋을 것 같습니다.

마음 표현은 사람의 자기 이해도를 높입니다. 밖으로 꺼내지 않으면 주장과 감정은 뒤엉킨 상태이지만 다른 이에게 말하는 동안 정리가 되죠. 마음을 표현할수록 자기주장과 감정을 더 잘 이해할 수 있게 됩니다.

마음 표현은 친밀한 인간관계를 만들기도 합니다. 친구나 가족과 속마음을 나누는 동안 관계는 더 깊어지고 따뜻해집니다. 생각해 보면 인어공주도 목소리라는 자기표현 수단을 잃었기 때문에 사랑을 이루는 게 그렇게 어려웠던 거네요.

다른 게 아니라 우리 아이의 행복을 위해서 자기표현을 독려했다면 좋았겠습니다. '자기표현은 곧 행복'이라고 알려주면 아이는 그 행복을 씩씩하게 즐길 의지가 생길 것 같습니다. 저는 그런 종류의 말을 아이에게 충분히 해주지 못한 게 아쉽습니다.

"마음속 말을 꺼내는 게 자신을 사랑하는 길이야."

"생각을 표현하면, 너는 무척 행복할 거야."

늑대에게도 숭고하고 아름다운
사랑의 마음이 있다

인도의 깊은 정글이었습니다. 늑대 가족이 밤하늘을 바라보며 한가로운 시간을 보내고 있는데, 난데없이 나타난 아기가 아장아장 걸어서 늑대 굴로 들어옵니다. 아기는 늑대들을 무서워하기는커녕 가족처럼 생각했던 것 같아요. 새끼 늑대들 틈으로 파고 들어가 편안하게 누웠으니까요. 미소 짓게 만드는 귀여운 모습이었어요.

하지만 편안한 분위기는 금방 깨집니다. 난폭한 호랑이 한 마리가 모습을 드러내고는 늑대 부부에게 방금 들어간 아기를 내놓으라고 요구합니다. 잔인하게도 배를 채울 생각이었던 것입니다. 아이에게 질문을 해볼 수 있겠죠.

"늑대는 어떻게 할 것 같니?"

늑대 부부는 용감하게 호랑이를 막아 세웁니다. 특히 엄마 늑대는 힘세고 덩치 큰 호랑이를 위협하기까지 했어요. 아기를 해치면 가만 두지 않겠다고 경고를 했어요. 기세에 눌린 호랑이는 물러날 수밖에 없었죠.

그렇게 아기는 모글리라는 이름을 얻고 늑대의 아기로 자라게 되죠. 모글리를 도운 동물은 더 있었습니다. 흑표범 바기라와 곰 발루도 모글리를 보호한 것은 물론 정글에서 꼭 알아야 할 지식들을 가르쳐 주면서 멘토 역할을 합니다. 여러 동물의 사랑을 받은 모글리는 어엿한 늑대 인간으로 자라나 동물과 정글을 위기에서 구해내는 큰일을 하게 됩니다.

〈정글북〉을 읽은 아이에게 물어보면 좋을 질문이 있어요.

"늑대 엄마 아빠는 왜 호랑이와 맞붙으면서까지 모글리를 보호했을까? 호랑이가 훨씬 힘이 세서 위험한데도 말이야."

스토리 캐릭터의 입장이 되어서 상상해 보라는 제안입니다. 이렇게 물어보면 공감 능력과 상상력을 키워줄 수 있어 유익합니다.

늑대 부부, 특히 엄마 늑대에게는 인간 아기가 다른 종으로 보이지 않았을 겁니다. 자신의 새끼들과 똑같이 귀엽고 사랑스럽고 약한 생명체였을 뿐이죠. 그래서 호랑이의 먹이가 되는 걸 절대로 용납할 수 없었던 거죠. 늑대 부부가 대단하지 않나요? 사람이라고 차별하지 않았습니다. 종을 뛰어넘는 사랑의 마음을 가졌으니까요. (사람으로 치면 테레사 수녀를 닮았다고 결례가 될 수 있는 평가를 해도, 테레사 수녀님은 너그

럽게 이해해줄 것 같습니다.)

　사랑, 그중에서도 차별하지 않는 사랑으로 늑대 부부는 인간 아기를 지켜줬습니다. 흑표범 바기라와 곰 발루도 똑같습니다. 작은 인간 아기를 가엽게 여기고 사랑했으니까 힘을 합쳐 지켜주고 정글에서 생존하는 데 꼭 필요한 지식을 가르쳐줬던 것이죠. 표범과 곰의 마음속에도 사랑, 그중에서도 외모를 따지지 않는 사랑이 들어 있다고 말할 수 있습니다.

"만일 사랑이 없었다면 그 아기는 어떻게 되었을까?"

　이것도 상상을 요구하는 질문입니다. 새로운 스토리를 떠올리도록 이끄는 질문이죠. 아이의 독서 경험을 훨씬 풍부하게 만들 수 있습니다. 동물들의 사랑이 없었다면 아기는 정글에서 길을 잃거나 호랑이에게 잡혀갔을 겁니다. 호랑이를 피했다고 해도 정글에서 안전하게 자랄 수 없었겠죠.

　〈정글북〉을 신기한 모험 이야기라고 해석하면 평범하죠. 대신 '사랑의 힘'에 대한 이야기라고 보면 남다른 해석이고 창의적인 시각이라고 할 수 있어요. 늑대와 흑표범과 곰과 사람은 종이 다릅니다. 혈연관계가 아니죠. 하지만 사랑의 힘에 이끌려서 한 가족처럼 지내며 사람 아기를 보살폈습니다. 그렇게 보면 〈정글북〉은 신나는 활극이 아니라 감동적인 러브 스토리가 됩니다.

사랑하는 사람이 우리를 지켜준다는 건 만고불변의 진리입니다. 조부모는 지금 부모를 사랑으로 보살폈고, 부모는 또 아이를 사랑으로 보살폈습니다. 사랑하기 때문에 헌신적으로 보호한 것이죠. 만일 사랑이 없었다면 인간 사회는 성립되지 못했을 겁니다. 아기를 사랑으로 보살피지 않는데, 어떻게 인류가 존속할 수 있었겠어요.

저희 부부는 좀 속된 사람들일까요? 아이에게 이런 말을 해준 적이 없는 것 같아요.

"사랑이 우리를 지켜준다. 사랑이 없으면 이 세상도 없는 것이다. 사랑의 힘은 위대하고 숭고하다. 너도 사랑을 많이 베풀어라."

저희 부부의 무의식에서는 사랑보다는 능력이 더 중요했던 모양입니다. 키울 아이도 없이 나이든 이제는 의견이 다릅니다. 개인의 능력 못지않게 사랑의 마음이 아이를 더 행복하게 만든다고 판단합니다.

사랑이 뭘까요? 타인의 행복이 내 행복 이상으로 소중하다면 그 마음이 사랑이겠죠. 진실로 사랑하는 사람이 없으면 누구라도 불행합니다. 죽은 생명체로 만든 프랑켄슈타인마저도 애착을 갈구했습니다. 사랑의 가치나 숭고함에 대해 자주 말해 주는 부모가 사랑이 넘치고 행복한 아이를 키울 수 있을 겁니다.

매너 있는 사람은 남의 감정을
예민하게 배려한다

아이의 인생도 새로운 만남의 연속입니다. 처음 만난 사람과 대화하고 친해지는 일을 아이들도 반복하는 것이죠. 그런데 새 만남의 필수 기술이 있습니다. 없으면 안 될 그 사회성 기술은 바로 매너입니다. '매너가 사람을 만든다'는 유명한 영화 대사가 절로 떠오르네요.

저희 부부가 아이를 기르면서 좀처럼 입 밖에 내지 않은 단어가 있습니다. 바로 매너입니다. 상하관계의 예의나 버릇에 대해서는 자주 말했지만, 동등한 사이의 매너는 입에 잘 올리지 않았던 겁니다. 안타깝고 부끄럽지만 저희는 권위적인 부모였던 모양입니다.

상황에 맞게 언행을 절제하는 매너는 꼭 필요합니다. 이걸 가르쳐 주는 동화가 있는데, 바로 〈빨간 구두〉입니다. 저희 부부도 이 동화를 징검다리삼아 매너에 대해서 말해줘야 했어요.

부모님들도 아시는 것처럼, 〈빨간 구두〉의 주인공 카렌은 빨간 구두를 지나치게 좋아하는 소녀입니다. 동화의 어떤 버전에서는 카렌이 엄마 장례식장에 빨간 구두를 신고 가서 눈총을 받습니다. 고아가 된 카렌을 돌봐주던 이웃 할머니도 카렌의 빨간 구두 사랑만은 막을 수 없었죠.

한번은 이웃 할머니가 성당에 갈 때는 검정 구두를 신으라고 카렌에게 신신당부했지만 고집불통 카렌은 말을 듣지 않았습니다. 카렌은 빨간 구두를 신고 다니며 주목받는 걸 좋아해서 장소를 가리지 않고 빨간 구두를 착용했습니다. 그 예쁜 빨간 구두가 카렌을 벌주는 날이 찾아왔어요.

어느 날이었습니다. 빨간 구두가 제멋대로 춤을 추기 시작했습니다. 구두를 벗을 수도 없던 카렌은 구두가 움직이는 대로 빙글빙글 돌며 춤을 춰야 했습니다. 빨간 구두는 카렌을 깊은 숲으로 데려갔어요. 웅덩이에 빠지고 가시밭길도 지나갔죠. 카렌은 발이 너무나 아팠지만 구두를 벗을 길이 없었어요.

원작을 보면 결말이 무섭습니다. 며칠 동안 밤낮없이 춤을 춰야 해서 기진맥진한 카렌 앞에 천사가 나타나, 차라리 자신의 발을 잘라달라는 카렌의 청을 들어줍니다. (몇몇 순화된 동화 버전에서는 천사가 구두를 벗겨주는 것으로 바뀌어 있습니다.)

이 무서운 동화의 교훈은 뭘까요? 일반적인 설명에 따르면 사회적 규범 의무입니다. 사람은 사회적인 규범을 지켜야만 하며 만일 어길 경우 큰 벌을 받는다는 메시지가 분명히 동화에 들어 있습니다. 경건하지 않은 빨간 구두가 사회 규범의 위반을 상징합니다.

아이들에게 이렇게 말할 수 있겠네요.

"카렌처럼 되지 않으려면, 사회 규칙을 잘 지켜야 한다."

동화는 허영에 대한 경고라고도 해석됩니다. 화려한 겉모습을 자랑하는 마음이 허영입니다. 허영이 많은 사람은 옷, 돈, 자동차 등을 자랑하며 주목 받기를 갈망합니다. 빨간 구두만을 신고 주목받으려 했던 카렌도 그랬습니다. 그런데 허영은 끝내 사람을 고통에 빠트립니다. 겉만 화려한 사람은 그렇잖아도 비어 있던 속이 더욱 공허해지고 결국 무너지고 맙니다.

〈빨간 구두〉는 예쁘고 화려하게 보이는 것만 중시하는 허영이 위험하다고 경고하는 동화인 것 같습니다.

"외모를 자랑하려고 애를 쓰면 그렇게 된다."

그런데 새로운 해석도 가능합니다. 앞에서 말했던 매너가 키워드가 될 수 있어요. 매너는 다른 사람의 감정을 배려하는 태도를 말합니다. 즉 남의 감정이 상하지 않도록 자신의 말과 행동을 조절하는 게 매너입니다. 이런 매너를 잘 지키면 새로운 사람과 새로운 기회에 쉽게 다가갈 수 있습니다. 매너는 새로운 세계로의 진입로를 열어 줍니다.

〈빨간 구두〉에서 카렌에게 부족했던 것은 매너입니다. 장례식장의 사람들이 검정색 복장을 하는 이유는, 검정색이 애도의 심정과 어울리기 때문입니다. 장례식장의 빨간 구두는 애도 분위기를 해칠 수 있죠. 카렌에게 매너가 있었다면, 아무리 빨간 구두를 좋아하더라도 장례식장에서는 양보해줄 수 있었겠죠. 다른 사람의 감정을 다치게 하지 않기 위해서 말이죠.

그런 매너의 필요성을 카렌은 몰랐습니다. 매너가 없으면 다른 사람의 마음을 상하게 하고, 원망을 듣기 좋아요. 빨간 구두 사랑에 푹 빠진 카렌은 다른 사람의 감정에 하등 신경 쓰지 않았어요. 안타까운 일입니다.

매너는 타인의 감정을 예민하게 배려하는 태도입니다. 훌륭한 자세인 게 분명해요. 게다가 아주 유용합니다. 매너가 있으면 사람들을 쉽게 사귈 수 있어요. 낯선 환경에서 적응도 잘하죠. 매너가 몸에 익은 아이는 낯선 사회적 만남을 전혀 두려워하지 않을 겁니다. 매너는 아이의 사회성을 높이고 사회적 활동에서의 자신감을 키워주므로, 우리는 매너의 중요성을 알려줘야 하는 것이죠.

구체적으로 매너의 예는 어떤 게 있을까요? 가장 쉬운 건 친구들 앞에서 방귀 참기입니다. 방귀를 뀌면 친구들을 고통에 빠트려요. 그러니

방귀를 참아야 합니다. 코 후비기도 집에 올 때까지 미뤄야 하고요. 필수 매너는 그 외에도 많아요. 아이들도 기억하기 쉬운 간단한 것만 정리해 보겠습니다.

- 친구의 말에 귀를 기울인다.
- 친구의 말을 도중에 끊지 않는다.
- 만나면 웃으면서 인사한다.
- 시간 약속을 잘 지킨다.
- 뒤따라오는 친구를 위해 문을 잡아준다.
- 도움을 받을 때마다 고맙다고 말한다.
- 남의 프라이버시를 침해하지 않는다.
- 지시(~해라) 대신 청유(~해줄래?) 표현을 쓴다.
- 입에 음식을 가득 물고 말하지 않는다.
- 친구 마음을 상하게 할 비판은 하지 않는다.
- 상황에 맞게 옷을 입는다.
- 처음 보는 사람에게는 예의를 갖춘다.

다시 〈빨간 구두〉 이야기로 돌아가 질문을 해봐도 좋겠습니다.

"빨간 구두를 너무나 좋아한 카렌은 어떤 잘못을 했다고 생각해?"

"다른 사람의 감정을 배려하지 않는 사람은 행복할 수 있을까?"

매너 교육은 보람이 큽니다. 집에서 매너를 조금씩 가르치다 보면 아이가 어느새 사람이 되어 있을 거예요. 외모나 돈이 아니라 바로 매너가 사람을 만든다는 건 정말 진리입니다.

CHAPTER 2

알려줘야 했습니다,
양쪽 면을 다 보라고

우리 가슴속에서
어두운 마음과 밝은 마음이 다툰다

아이를 기르는 양육자는 단편적이기 쉽죠. 옳고 밝은 것만 강조하게 됩니다. 특히 마음에 대해 말할 때는 더욱 그렇습니다. 때문에 부모들은 이렇게 강조하게 됩니다.

"항상 올바르게 생각해라. 밝은 마음을 잃어서도 안 된다."

당연히 그렇게 가르쳐야 합니다. 틀린 조언이 절대 아닙니다. 그런데 저희 부부가 과거로 돌아간다면, 틈틈이 다른 이야기도 해줄 것 같아요. 사람 마음속에는 밝음과 어두움이 공존한다고요. 그게 진실일뿐더러 아이의 인간에 대한 이해력을 높일 정보이기 때문이죠.

사람은 누구나 밝은 마음과 어두운 마음의 갈등을 경험하는데, 이런 이중성에 대한 최고의 이야기가 바로 《지킬 박사와 하이드》입니다.

배경은 19세기 영국 런던. 헨리 지킬 박사는 존경받는 과학자입니다. 부유하고 선하고 바르면서 유능한 사람입니다. 감탄하거나 부러워할 모든 걸 갖춘 좋은 사람입니다. 그런데 그에게는 비밀이 있었습니다. 그는 좋은 사람은 아니었습니다. 자신의 악한 마음을 꾸준히 억누르고 배제하려고 노력했기 때문에 좋은 사람이 될 수 있던 거죠.

어느 날 그는 자신이 억누른 어두운 마음을 가진 존재가 되어보기로 결심합니다. 그가 발명한 약을 먹으면, 착한 마음은 전혀 없고 순수하게 사악한 남자로 바뀝니다. 젊고 재빠른 그 남자의 이름은 에드워드 하이드 입니다. 하이드는 아주 나쁜 사람입니다. 어린 소녀를 때리고 힘없는 노인을 살해하면서도 양심의 가책을 느끼지 않죠. 하이드는 수배를 받게 됩니다. 경찰에 붙잡히면 사형 당할 게 분명했습니다.

그런 하이드가 점점 강해져서 지킬 박사는 도저히 통제할 수 없게 됩니다. 하이드는 붙잡혀 목숨을 잃을까 극도로 두려워집니다. 결국 지킬이자 하이드인 그는 스스로 목숨을 끊은 채 발견되고 두 사람이 동일 인물이라는 충격적인 사실이 세상에 알려지면서 이 이야기는 끝을 맺습니다.

《지킬 박사와 하이드》는 인간 본성의 중요한 비밀을 알려주는 훌륭한 소설이라는 평가를 받죠. 아이들도 일찍부터 자각할 겁니다. 자신의 마음속에 어둠과 빛이 공존한다는 사실을 말이죠. 분노, 불친절, 시기, 미움, 거짓됨이 어두운 마음이겠고 온화함, 다정함, 사랑, 진실함은 밝은 마음에 해당합니다. 각각 하이드와 지킬이 대표하는 마음입니다.

이런 두 종류의 마음이 경쟁한다는 걸 아이에게 알려주면 좋은 일이 생깁니다. 아이가 자기 분석과 자기 통제의 기회를 얻게 되는 것이죠. 아이와 이렇게 대화할 수 있을 겁니다.

"지금 네 속에서 이띤 마음들이 다투고 있니?"
"짜증낼까 아니면 다정하게 말할까 고민 중이에요."
"어떤 걸 택할 거니?"
"몰라요. 아직 생각 중이에요."
"그래 좋은 결정 내리길 바란다."

만일 위와 같은 대화를 했다면 아이는 자기 심리를 분석한 것입니다. 내 마음을 관찰하고 분석하는 능력은 인간이 가질 수 있는 최상의 능력에 속합니다. 마음의 갈등에 대한 대화가 그런 놀라운 능력을 키우는 시작점이 될 수 있어요.

아이에게 이렇게 질문해 보세요.

"우리는 지킬과 하이드 중에서 누가 되어야 할까?"

물론 항상 밝은 마음이 이길 수는 없겠죠. 그런 경지에 도달하는 건 불완전한 인간에게는 쉽지 않을 거예요. 강요는 말아야겠습니다. 다만 마음속에서 어두움과 밝음이 다툰단 사실, 우리의 언행은 그 다툼의 결과에 따라 결정된다는 사실을 알려주는 건, 아이의 자기 인식 능력을 크게 높여줍니다.

인생을 결정할 선택권은 우리 자신에게 있죠. 사람은 항상 선택하는 겁니다. 미워할 것인지 사랑할 것인지, 화를 낼 건지 차분하게 말할 것인지, 거짓말할 것인지 진실을 말할 것인지, 선택하는 것이죠. 사람은 갈림길에 서서 마음을 선택하는 존재입니다.

그 선택에 따라 삶은 달라집니다. 즉 선택을 통해서 삶을 창조하는 것이 우리 인간입니다. 어린 아이라고 해도 다르지 않습니다. 저희 부부는 과거에는 미처 생각 못했지만, 아이를 다시 기른다면 이렇게 말해주고 싶습니다.

"네가 네 인생을 선택할 수 있어. 네 선택에 따라서 인생이 달라지는 거야. 너는 네 인생의 창조자야. 인생은 너의 것이고, 좋은 선택을 하면 좋은 인생을 가질 수 있단다."

모든 사람에게
착한 마음이 있다

사람에겐 양면이 있지만, 그렇다고 사람을 나쁘게만 보면 내가 고통스럽습니다. 길거리에서 다가오는 사람이 아무에게나 주먹질하는 폭력배라고 상상해 보세요. 직장에 나쁜 사람이 있어 나를 호시탐탐 노린다는 공상에도 젖어 보세요. 금방 심장이 뛰고 호흡이 가빠집니다. 그 사람들이 해칠 뜻은커녕 나에게 관심 한 조각조차 없다고 해도 상관없어요.

나의 나쁜 시선은 내 고통의 충분한 조건이 됩니다. 반대로 주변 사람을 좋게 보면 내 삶이 훨씬 편해지죠. 마음이 평화롭고 관계가 원만하고 일이 잘 풀립니다.

아시겠지만, 세상에 나쁜 사람이 왜 없겠어요? 그런데 대부분은 괜찮은 사람입니다. 좀 나빠 보여도 웬만하면 순진하고 착한 마음이 가습 구석에 한 점이라도 숨어 있기 마련이죠. 그렇게 긍정적 시선을 가지면 내가 받는 고통이 일부나마 분명히 줄어듭니다.

이 중요한 삶의 원리를 아이들에게 알려주는 걸 잊지 않아야 듬직한 부모가 아닐까 싶어요. 저희 부부는 보석처럼 중요한 이 원리를 알려준 적이 없는 것 같아요. 시간을 되돌려 아이 어릴 때로 돌아간다면 사랑하는 아이에게 이렇게 자주 일러주고 싶습니다.

"사람들에게는 착한 마음이 있어."
"아무리 못되게 구는 친구라도 밑바탕은 착할 거야."

타인의 긍정성을 믿어보라는 조언입니다. 사람들에 대한 아이의 시선이 순해지면, 아이도 좀 더 편안하게 지낼 수 있을 거예요. 스토리를 통해서도 설득할 수 있어요. 〈크리스마스 캐럴〉의 스크루지가 제격입니다.

스크루지는 돈만 밝히는 사람입니다. 조카와 직원과 가난한 사람들이 어떻게 살건 조금도 중요하지 않아요. 오직 돈 벌 생각만 하고, 돈벌이에 방해되는 것은 그 무엇이라도 싫어합니다. 누가 봐도 나쁜 사람이었습니다. 그의 마음속은 이기심과 냉혹함으로 가득 찬 것으로 보일만 해요. 그러나 이런 최악의 사람이 변했습니다. 어느 날 찾아온 유령 덕분이죠.

스크루지는 유령에게 이끌려 과거에서 미래까지 시간 여행을 합니다. 지금은 피가 차가운 구두쇠이지만 과거 순수한 청년이었다는 걸 상기하게 되죠. 미래에는 자신의 죽음을 아무도 슬퍼하지 않을 것도 알게 됩니다.

유령과의 괴로운 시간 여행 끝에 스크루지는 결심합니다. 새로운 삶을 살기로 마음을 먹은 것이죠. 돈이라면 악착같았던 그가 웃는 얼굴로 주변 사람들에게 선물을 하고 돈을 나눠줬습니다. 그리고 남의 안위와 행복에도 진심어린 관심을 갖게 됩니다.

어쩌면 이럴 수 있을까요? 유령의 도움도 컸지만 스크루지에게 착한 마음이 남아 있지 않았다면, 아무리 시간 여행을 해도 선한 사람으로 다시 태어나지 못했을 겁니다. 차갑고 고약한 수전노 같았지만 그에게도 뜨거운 피가 흐르고 있었다고 봐야 합당합니다.

스크루지보다 더 극적으로 변한 사람이 있습니다. 바로 장발장이죠. 《레미제라블》의 주인공인 그는 좀도둑이었습니다. 누이와 조카들을 돕기 위해서였지만 아무튼 남의 빵을 훔치려다가 붙잡혔어요. 형벌은 가혹했습니다. 빵 한 조각을 훔친 죄로 5년 동안 감옥에 갇혀야 했습니다. 억울했던 장발장은 탈옥을 시도하다가 붙잡혀 형기가 14년이나 추가되었죠. 빵 한 조각을 훔치려다가, 무려 19년의 세월을 감옥에서 보내는 끔찍한 벌을 받았던 겁니다.

출소한 장발장은 착한 사람은 아니었습니다. 갈 데 없는 그를 재워 준 성당의 신부님을 배신하면서도 죄책감을 전혀 느끼지 않았죠. 은그릇을 훔쳐 달아나던 장발장이 경찰에 붙잡혀서 다시 성당으로 끌려옵니다. 신부님이 은그릇을 도둑맞았다고 말한다면 장발장은 감옥에서 또 긴 세월을 보내야 할 위기였어요.

그런데 신부님은 상상도 못한 반응을 합니다. 은그릇을 자신이 선물했다는 겁니다. 게다가 경찰관들 앞에서 장발장을 나무랐어요. 왜 은촛대는 가져가지 않았냐고요. 풀려난 장발장에게 신부님이 부탁을 합니다. 이제는 정직한 사람이 되어 달라고 말이죠.

몇 년 후 장발장은 완전히 다른 사람이 됩니다. 정직하고 정의롭고 따뜻한 사람으로 변신했습니다. 그는 큰돈을 벌어 가난한 사람들을 도왔습니다. 병원, 학교, 고아원의 시설도 고쳐줬습니다. 시민들의 존경을 받게 된 장발장은 나중에 시장 자리에까지 오릅니다. 높은 자리에 올랐지만 그의 선행은 멈추지 않습니다. 사람이 수레에 깔리자 직접 수레 밑으로 기어들어가 목숨을 걸고 구해 줬습니다. 또 자기의 죄를 대신 뒤집어쓴 사람을 구하려고 자신이 법적 처벌을 받겠다고 나서기도 합니다.

장발장이 도와준 사람 중에는 가난한 결핵 환자 팡틴도 포함되어 있었습니다. 팡틴은 결국 숨졌는데 이 불쌍한 여인의 어린 딸 코제트를 거두어서 친딸처럼 키워 줍니다. 딸에게 헌신적이었던 장발장은 코제

트의 연인을 구하려고 목숨을 걸기도 했죠. 그렇게 장발장은 세상 사람들을 돕고 의붓딸 코제트를 키우는 의무를 다하고는 64살의 나이로 세상을 떠납니다.

세상을 미워하던 좀도둑 장발장이 새로운 사람이 되어 세상을 사랑했습니다. 이런 극적인 변신이 가능했던 건 신부님에게 감화된 때문이기도 했지만, 변화의 씨앗이 장발장에게 있지 않았다면 애초에 불가능했을 겁니다.

사람은 변합니다. 그것도 선하게 변할 수 있습니다. 냉혹한 수전노가 따스한 이웃 할아버지로 변하고, 좀도둑이 헌신적이고 성스러운 인물로 변할 수 있습니다. 말썽쟁이 피노키오와 심술쟁이 놀부도 그렇게 바뀌었습니다. 양치기 소년과 신데렐라의 의붓 엄마도 기회가 주어지면 선한 마음의 씨앗을 키워낼 수 있을 겁니다. 아이에게 이렇게 물어볼 수 있어요.

"놀부처럼 나쁜 사람도 착해질 수 있을까?"
"양치기 소년은 끝까지 거짓말쟁이로 살았을까?"
아이의 친구 문제를 화제로 삼을 수도 있어요.
"그 친구는 정말 나쁜 아이일까? 좀 기다려 주면 착해지지 않을까? 피노키오처럼 말이야."
"모든 사람에게는 착한 마음이 있단다. 엄마 말을 믿어 봐."

"친구의 나쁜 점을 지적하지 말고, 착한 마음을 칭찬해 주면 어떨까?"

모든 사람은 복잡한 존재입니다. 선한 마음, 나쁜 마음을 섞어서 갖고 있죠. 장점과 단점이 한 사람의 마음속에 얽혀 있습니다. 그중에서도 밝은 면에 주목하고 칭찬하는 연습을 해본 아이는 차원이 남달라집니다. 인간관계 능력도 리더십이 월등하겠죠. 그리고 무엇보다 아이 마음이 편안하고 안정될 겁니다. 사람의 긍정성을 신뢰하는 아이는 기쁘게 살 수 있잖아요. 저희 부부는 그런 꿈의 실현을 위해서 어떤 노력을 했었나, 곰곰이 돌이켜 봅니다.

친구는 서로 좋아하고
존중하는 사이다

　친구는 부모들 이상은 아니지만 부모들만큼이나 중요합니다. 사춘기 이후에는 친구가 우리 아이를 보살펴 주니까요. 우리 아이가 좋은 친구를 사귀어야 할 텐데, 그렇게 도우려면 좋은 친구 관계에 대한 개념을 심어주는 게 필요할 것 같습니다. 아이를 양육하던 시절에는 깊이 생각 못했지만 근래 뒤늦게 정리가 되더군요.

　좋은 친구 관계의 조건은 여러 가지이지만, 아이에게 꼭 알려줘야 할 것은 두 가지라고 볼 수 있어요.

　첫 번째 순수한 호감입니다. 순수하게 좋아하는 마음이 있어야 친구입니다. 이득을 위해서 만나면 친구가 될 수 없어요. 또 인기나 외모나 성적 등 조건을 따져도 진정한 친구가 될 수 없습니다. 목적이나 조건 없이 상대방 자체를 좋아하는 순수한 호감이 친구의 절대 필요조건입니다.

두 번째 조건은 존중입니다. 상대의 의견은 물론이고 인격을 존중해야 하는 것이죠. 상대를 무시하거나 가볍게 여기는 친구 관계는 지속될 수도 없고 지속되어서도 안 됩니다. 이렇게 조언을 해줄 수 있어요.

"진정한 친구는 서로 좋아하고 서로 존중하는 사이야."
"너를 진심으로 좋아하는 친구는 너한테 부모만큼 소중한 거야."
"친구끼리 의견이 다를 수 있으니 무시하거나 놀리는 건 나빠."

동화에서도 좋은 친구의 예를 찾을 수 있어요. 피터팬과 웬디는 좋은 친구입니다. 서로를 이해하고 좋아하죠. 또 피터팬이 힘이 아주 강하지만 웬디를 무시하거나 웬디에게 명령을 내리지도 않아요. 서로 좋아하고 존중하는 피터팬과 웬디는 좋은 친구입니다.

〈오즈의 마법사〉에 등장하는 도로시와 친구들도 다르지 않습니다. 곰돌이 푸와 친구들도 서로 좋아하고 존중합니다. 역시 좋은 친구들이죠. 친구가 무엇인지 생각하고 분명한 친구 개념을 갖게 하기 위해, 아이에게 아래처럼 질문해 보세요.

"피터팬과 후크 선장은 왜 친구가 아닐까? 서로 좋아하지 않기 때문이야. 친구는 좋아하는 사이인 거 알지?"

"피글렛이 푸에게 "너는 배가 많이 나왔다"고 놀린다면 좋은 친구일까 아닐까? 그렇게 존중하지 않으면 친구로 지낼 수 없겠지?"

존중은 정말 중요한 가치인데요. 저희 부부가 이걸 아이에게 제대로 깨닫게 해주지 못해서 아쉽습니다. 다시 아이가 어린 시절로 돌아간다면, 꼭 전하고 싶은 교훈이 있습니다. '너는 우주의 중심이 아니다.' '우주의 중심은 하나가 아니라 수억 개다.' 이렇게 말해줬다면 좋았겠습니다.

아이들은 자신만 존중받기를 원합니다. 물론 많은 어른들도 그렇지만요. 아이들은 스포트라이트가 사신에게로 향하기를 원하고, 세상이 자신을 중심으로 공전하기를 바라죠. 역시나 유아적인 어른들의 특성이기도 합니다. 그러나 내가 우주의 중심은 아닙니다. 나는 수많은 별 중 하나일 뿐이죠.

시각을 바꿔 볼 수도 있습니다. 모든 아이가 각자 자기 우주의 중심입니다. 그러니까 서로 존중해줘야 하는 겁니다. 상대가 중요하고 소중한 존재라는 걸 인정하는 게 존중이겠죠. 친구를 존중하는 아이가 존중받고 깊은 우정도 쌓을 수 있을 겁니다. 〈오즈의 마법사〉 같은 많은 동화에서 강조하는 가치인데, 책을 덮고 수십 년이 지나서야 머릿속에 정리가 되다니, 저희는 신비로울 정도로 느린 부모입니다.

진정한 사랑은
주고받는 사랑이다

〈아낌없이 주는 나무〉는 아주 유명한 스테디셀러입니다. 저희 아이가 어렸을 적에도 그렇지만 요즘도 초등 교과서에 언급되고 인기가 높더군요. 그 책을 읽으면서 아이와 어떤 이야기를 주고받으시나요? 저희 부부는 별 소감 교환 없이 책을 빨리 덮고 아이를 재움으로써 육퇴를 앞당기려고 했던 기억이 가물가물합니다. 사랑의 상호성에 대해서 이야기할 기회를 살리지 못했던 겁니다.

로맨틱한 사랑이든 우정이든 가릴 것 없이 상호작용이 있어야 하지 않을까요? 주고받아야 한다는 것입니다. 주고받는 사랑의 크기가 얼추 비슷해야 이상적인 사랑이고, 그게 아니라 한쪽이 받기만 한다면 착취적 사랑이 될 수도 있습니다. 사랑의 상호성을 가르쳐주는 이야기가 바로 〈아낌없이 주는 나무〉입니다.

나무가 한 어린 소년을 사랑했습니다. 나무는 소년이 올라타게 해주고, 가지에다가 그네를 매달아 타게 해주고, 지친 소년이 쉴 그늘도 드리워줬습니다. 청년이 된 소년은 자기를 기다리던 나무를 찾아가 돈을 줄 수 있냐고 물었습니다. 나무는 돈은 없지만 사과를 줄 테니 팔아서 원하는 걸 사라고 말합니다. 청년이 된 소년은 사과를 한아름 안고 떠납니다.

세월이 지나 소년은 어른이 되었습니다. 나무는 그네를 타며 놀자고 했지만 소년이 바라는 것은 따뜻하게 지낼 집이었습니다. 결혼을 하려면 집이 필요하다는 것이었습니다. 나무는 어른이 된 소년의 행복을 위해 기꺼이 희생합니다. 자기 가지를 잘라가서 집을 짓게 했죠.

또 세월이 흘러 소년은 중년이 되었습니다. 중년이 된 소년에게 필요한 것은 바다에서 탈 배였습니다. 나무는 몸통까지 다 잘라가 배를 만들게 합니다. 먼 훗날 소년은 노인이 되어 그루터기만 남은 나무를 찾아옵니다. 가지도 몸통도 없는 나무는 줄 게 하나뿐이었습니다. 늙은 소년은 그루터기 위에 앉아 편안히 쉬었습니다. 아이게는 감상을 물어볼 수 있어요.

"〈아낌없이 주는 나무〉를 읽으니 마음이 어떠니? 기뻐? 신나? 감동적이야? "

"감동적이에요."

"왜 감동을 느꼈니?"

"나무가 소년을 무척 사랑하고 희생했으니까요."

그렇습니다. 이야기 속에서 나무는 끝없이 사랑하고 뭐든 베풀어 줬습니다. 나무의 사랑이 감동을 일으키는 건 사실이죠. 아낌없는 주는 나무는 헌신적이고 조건 없는 어머니의 희생을 떠올리게 합니다. 많은 분들이 알듯이 무조건적인 사랑이 이 책의 주제라고 해도 무방하겠죠.

그런데 시각을 바꿔볼 필요도 있어요. 나무에만 집중하지 말고 소년에게로 시선을 돌리면 전혀 다른 주제 의식이 보입니다. 저희 부부가 과거로 돌아가서 아이에게 〈아낌없이 주는 나무〉를 읽혀 준다면, 이렇게 질문하고 싶습니다.

"나이 들어서 소년은 왜 나무를 찾아왔지? 사랑하니까 보고 싶어서?"

"소년은 나무에게 사랑을 베풀었니?"

소년은 나무에게 단 한 번도 고맙다고 하지 않았어요. 바라는 것 없이 찾아와 나무의 외로움을 달래 주는 법도 없었어요. 소년은 필요한 것이 있어야 나무를 찾아와서 요구합니다. 그리고 나무가 내주는 것을 전부 가지고 뒤도 돌아보지 않고 가버립니다. 어릴 때부터 늙을 때까지 소년은 받기만 합니다.

나무가 아니라 소년을 중심에 놓고 보면, 키워드가 바뀝니다. '무조건적인 사랑'이 아니라 '받기만 하는 사랑'에 대한 이야기처럼 보입니다. 그리고 어쩌면 작가는 주고받아야 진정한 사랑이라는 메시지를 말하고 싶은지도 모릅니다.

오로지 끝없이 받기만 하는 사람은 사랑을 받을 자격이 없는 게 아닐까요? 주고받아야 사랑입니다. 부모 자식의 관계와 연인 관계와 친구 관계도 다르지 않겠죠. 오직 헌신만 하거나 받기만 해서는 안 된다는 걸 가르쳐야 아이가 건강하고 기쁜 인간관계를 갖게 될 겁니다. 이건 아이가 좀 더 크면 연인 관계에 대한 조언으로도 쓸 수 있죠.

"너를 사랑해 주지 않는 사람은 사랑하지 말아야 해."

이렇게 말해 주면 어떨까요? 사랑에 눈이 멀어서 다 퍼주고 모든 걸 희생하는 건 옳지 않습니다. 감정을 이성이 전혀 통제 못하는 것도 아닙니다. 자존심을 갖고 상호적 사랑을 해야, 사랑의 기쁨은 크고 사랑의 상처는 줄지 않을까요? 아이들이 연애 감정에 빠질 날이 멀지 않습니다.

너는 다른
모든 아이들처럼 소중하다

아이에게 우월감을 심어 주는 부모들이 적지 않습니다. 돌아보면 저희 부부도 그런 부류에 속하는 것 같습니다. 칭찬을 많이 해주려고 노력했는데 그 결과가 우월감 학습이었을지도 모른다는 생각이 드네요. 이런 투의 감탄을 했습니다. "와. 너 정말 대단하다! 어떻게 이런 생각을 했어? 너처럼 뛰어난 아이는 또 없을 게 분명해!"

자부심을 심어주는 것도 좋은데, 균형이 필요했던 것 같아요. 특별히 우월한 사람은 있을 수 없고, 사실 사람은 모두 똑같이 훌륭한 존재라고 강조했어야 한다는 생각이 듭니다.

우월감이 문제인 것은 사회성을 약화시키기 때문이겠죠. 자신이 더 아름답고 중요한 존재인 것만 같은 유아기적 환상에 빠진 아이는 친구들 속에서도 외롭습니다. 그렇다고 열등감이 나을 수는 없겠죠. 우월감도 열등감도 아닌 '동등감'의 평형 상태가 가장 이상적입니다.

그러니까 '나는 소중하다. 다른 모든 아이들도 나처럼 소중하다.'고 믿는 아이가 자부심과 사회성을 두루 갖췄다고 할 수 있겠지요. 아이에게 이렇게 물어보면 어떨까요?

"엄마와 너 중에서 누가 더 소중한 사람이야?"

"똑같이 소중해요."

"맞아. 그러면 너와 친구들 중에서 누가 더 소중해?"

"모두 똑같이 소중한 것 같아요."

"맞아. 너도 소중하고 친구들도 소중해. 누구든 따뜻하고 친절하게 대해줘. 알겠지?"

"알겠어요. 엄마."

동화를 보면 자신만 소중하다고 생각하는 캐릭터가 많이 나오는데, 대부분 악당이죠. 독 사과를 들고 백설 공주 앞에 나타난 왕비, 빨간 모자를 속인 늑대, 아이들을 괴롭히는 후크 선장이 그렇습니다. 자신이 남보다 훨씬 소중하다고 생각하고, 그래서 남을 해치거나 무시해도 된다고 믿는 사람은 나쁜 짓을 저지르게 되는 것이죠.

자기 자식만 소중하게 생각하는 것도 똑같이 잘못입니다. 〈엄지 공주〉에 나오는 두꺼비를 볼게요. 두꺼비는 자기 아들과 결혼시키려고 엄지 공주를 납치했습니다. 자기 아들만 소중하게 생각하고, 엄지 공주의 행복은 중요하게 여기지 않았어요. 신데렐라의 새 엄마도 친 자식만을 소중하게 여겨서, 신데렐라를 부당하게 대했던 겁니다.

그렇게 모든 사람이 똑같이 중요하다는 기본적 사실을 깜빡 잊으면 부도덕에 깊숙이 빠지게 되는 것입니다. 우리 아이는 그래서는 안 되겠죠. 아이에게 이렇게 말하면 어떨까요?

"모든 사람은 똑같이 소중해. 모두에게 친절해야 해."
"다른 사람을 희생시켜서 행복해지려는 사람은 아주 나빠."

친구를 자신만큼 소중히 여기는 아이가 마음이 넓고 사회성도 좋겠죠. 소중한 우리 아이를 외롭고 힘들게 만드는 것은 우월감입니다. 아이가 우월감을 버린다면 아이에게 친구에 대한 존중뿐 아니라 사회적 권위에 대한 존중도 생깁니다. 규칙을 따르게 되죠. 친구들도 모두 따르는 규칙을 자신도 존중해야 한다는 생각을 갖게 됩니다. 그러면 규칙이나 규범에 따라 자신의 행동을 조절하는 능력이 생길 겁니다.

그런데 나만 한없이 소중하고 나의 권리만 한없이 크다고 믿는 아이는, 교사나 경찰, 부모, 조부모, 이웃의 권위를 인정하기 어렵습니다. 자신이 보통 아이들과 똑같은 수준으로 소중하다고 생각하는 아이는 사회적 권위를 기꺼이 받아들이고 따를 겁니다. 그건 복종이 아니라 건

강한 순종이고 자발적 협력이겠죠. 저희 부부가 아이에게 이렇게 말해 줬다면 좋았을 텐데 싶습니다.

"너와 친구들은 모두 동등한 존재야. 똑같이 소중해. 물론 솔직히 고백하자면, 엄마 아빠에게는 네가 그 무엇보다, 이 우주보다 훨씬 중요하고 소중한 존재란다. 하지만 그건 우리만 아는 비밀로 하자. 엄마 아빠 마음 알겠지?"

세상 사람들은 모두
소중한 일을 한다

아주 유명한 일화죠. 1961년부터 63년까지 미국 대통령이던 존 F. 케네디가 미 항공 우주국을 방문했을 때의 일입니다. 당시 미국은 옛 소련과 달 착륙 경쟁을 벌이고 있었습니다. 케네디는 복도에서 우연히 마주친 한 직원에 질문합니다. "어떤 일을 하시나요?"

그 직원은 청소를 하는 미화원이었습니다. 미화원의 답은 아직도 회자될 만큼 감동적이죠. 그는 이렇게 말했습니다. "사람을 달에 보내는 일을 돕고 있어요." 케네디 대통령과 함께 있던 사람들은 다 깊은 감명을 받았습니다. 미화원은 자신의 일에 큰 의미를 부여했습니다. 자부심과 사명감도 크다는 게 대답에서 분명히 느껴집니다.

미화원이 자신의 업무 가치를 과대평가한 것일까요? 아닙니다. 청소하는 사람이 없었다면, 과학자들이나 엔지니어들이 제대로 작업할 수 없었을 테고, 그러면 달에 사람을 보내는 일이 불가능했을지도 모릅니다. 미화원이 닐 암스트롱을 달에 보내는 데 크게 기여한 것이 사실인 거죠.

청소하는 사람이 없다면 대통령과 대기업 회장의 집무실도 엉망이 되고 말 것입니다. 미화원이 국가와 대기업 운영에 이바지하고 있는 것입니다. 요컨대 어떤 직업이더라도 중요한 의미가 있다는 것입니다. 모든 사람은, 비록 주목받지 못하더라도, 하나 같이 소중한 일을 하고 있는 것이죠.

〈공주와 완두콩〉에서 완두콩은 주목받지 못합니다. 그런데 중요한 역할을 합니다. 진정한 공주의 덕목, 즉 예민함을 가졌는지 판별하도록 도와줬어요. 〈피노키오〉에서는 귀뚜라미가 피노키오가 삐뚤어지지 않게 하려고 무척 애를 썼어요. 성공하지는 못했지만 귀뚜라미가 한 노력은 아주 값진 것이었습니다.

〈신데렐라〉에서는 생쥐 네 마리가 말로 변해서 신데렐라의 마차를 끌어 줬습니다. 만일 그 작은 쥐들의 도움이 없었다면 신데렐라는 왕자를 만나지도 못했을 거예요. 작은 생쥐도 대단히 크고 중요한 일을 해냈던 것입니다.

아이들은 자라면서 직업에 대한 귀천의식을 갖게 됩니다. 역할의 크기에 따라 사람을 평가하는 차별적 시선에 물들 수도 있고요. 아이에게 이렇게 말해 주면 어떨까요?

"대통령이나 회장만으로는 부족해. 작은 일을 성실하게 해내는 사람들이 있어야 이 세상이 작동하는 거란다. 청소부, 트럭을 몰고 작은 가게를 운영하는 사람, 모두 소중하고 중요한 일을 하고 있는 거야."

그렇게 말해 주면 아이의 시각이 깊어지겠죠. 모든 사람이 힘을 합쳐 세상을 움직인다는 사실을 깨닫고, 모든 직업에 대한 존중도 배우게 될 것입니다.

유감이지만 저희 부부는 그 중요한 사실을 아이에게 적극적으로 알리지 않았습니다. 대신 좋은 직업을 갖는 게 중요하다고 강조하는 걸 훨씬 높은 우선순위에 뒀습니다. 아이가 어떤 직업을 갖길 바라시나요? 저희 부부는 아이가 의사가 되기를 티 나지 않게 바랐습니다.

저희 주변에도 아이를 의대를 보내겠다고 마음먹고 무척 애를 쓴 부모들이 많습니다. 그들 중 일부만 뜻을 이뤘습니다. 저희 아이를 포함해 다수는 의대가 아닌 다른 길을 가게 되었습니다. 의대에 진학한 아이들은 꾹꾹 참아가며 적응했지만 어떤 아이는 힘들어하며 도중에 군대에 갔고, 한 아이는 의대를 그만 두기도 했습니다. 의학전문대학원을 졸업하고 의사가 된 아이도 있더군요.

의사를 시킬 필요가 없다는 이상론을 말씀드리지는 않겠습니다. 다만 돈을 좀 덜 벌고 안정성이 좀 낮은 직업을 택하더라도, 불행해지는 건 아니라고 강조하고 싶습니다. 나사의 미화원처럼 어떤 직업도 의미 있다는 진리를 다시 떠올려 봅니다. 저희 부부는 다시 돌아간다면 아이에게 이런 말을 해주겠습니다.

"솔직히 네가 의사가 되길 바란다. 내 삶이 편하길 바라기 때문이야. 하지만 다른 직업이 불행한 것은 아니다. 세상 모든 직업은 의미가 있어. 네가 자긍심을 가지고 책임을 다하면 다른 어떤 직업도 널 행복하게 해줄 거야. 미화원들도 하나같이 소중하고 고마운 일을 하시는 분들이지. 미래의 직업 걱정은 접어두고 오늘을 의미 있게 사는 것만이 중요하단다."

왜 그런 근사한 말을 해주지 못했을까요? 겁이 많아서였을까요? 아니면 사유가 부족했었기 때문일까요? 부모 노릇은 만점은 고사하고 낙제만 아니어도 다행인 무척 어려운 과제인 것 같습니다.

사람은 꽃밭의 꽃처럼
다 독특하고 예쁘다

이번에도 저희 부부가 아이에게 단 한 번도 말하지 않았던 주제를 언급하려고 해요. 바로 다양성 문제입니다. 세상 사람들은 각양각색입니다. 생김새와 생각이 다른 사람들이 조화롭게 모여 삽니다. 이것은 중요한 사실이죠. 첫 번째로 사람마다 독특하며, 두 번째로 독특한 사람들이 어우러져서 사회를 이룬다는 걸 이해하는 아이가 포용적인 마음을 갖게 되니까요.

저희 아이가 초등학교 저학년이던 시절로 돌아갔다고 상상해 봅니다. 그러면 저희는 다름을 존중하고 다양성을 포용하라고 가르치기 위해서 좀 더러운 이야기로 운을 뗄 것 같습니다.

"아빠 생각에는, 세상에는 아주 다양한 똥들이 있어."

"똥이요? 맛있는 과자를 먹는 중에 더러운 말씀을 왜 하시나요?"

"너 어릴 때 읽은 책《누가 내 머리에 똥 쌌어?》기억하지?"

"당연히 기억하죠⋯."

《누가 내 머리에 똥 쌌어?》의 주인공은 작은 두더지입니다. 어느 날 두더지 머리 위에 똥 한 덩어리가 떨어집니다. 분노한 두더지는 똥을 머리에 이고 범인을 찾으러 마을 구석구석을 돌아다니죠. 먼저 새를 만나서 범인이냐고 추궁합니다. 새는 똥을 직접 싸 보여 무죄를 증명하죠. 다음으로 말, 토끼, 젖소, 염소, 돼지를 찾아갔는데 각기 모양도 색깔도 다른 똥을 보여줬습니다. 끝내 개가 진범인 걸 밝혀낸 두더지는 자기가 당한 것과 똑같은 방법으로 응징한 후에 기분 좋게 집으로 돌아옵니다.

동물마다 똥 모양이 판이했습니다. 겉만 다른 게 아니었어요. 똥이 만들어지는 속도 달랐던 겁니다. 《누가 내 머리에 똥 쌌어?》는 동물들의 겉과 속, 똥이 모두 한없이 다양하다는 걸 보여주는 인상적인 그림책입니다.

〈이상한 나라의 앨리스〉 이야기 속에는 별의별 사람과 동물들이 등장해요. 그 유명한 하얀 토끼는 시계를 보면서 바쁘게 돌아다닙니다. 마음 급한 사람의 비유라고 할 수 있죠. 쌍둥이는 무슨 말인지 모를 말싸움을 끝없이 합니다. 무의미한 언쟁을 좋아하는 사람이 실제로 우리 주변에 있지요. 하늘을 떠다니는 체셔 고양이는 느긋하고 능글능글합니다. 또 "너의 생일이 아닌 걸 축하한다"면서 파티를 벌이는 사람들도 나옵니다. 도무지 이해할 수 없는 사람들은 우리 현실에도 있죠. 또 여왕은 마음에 들지 않으면 그 누구라도 사형에 처해버립니다. 우리 현실에도 있는 폭력적이고 권위적인 사람이죠.

〈이상한 나라의 앨리스〉에는 정말 별의별 캐릭터가 등장합니다. 실제로 우리 주변을 둘러보면 다양한 사람이 있죠. 성격 급한 사람, 화 잘 내는 사람, 농담 잘하는 사람, 마음 넓은 사람, 논리 없는 사람, 소리치는 사람, 차분한 사람, 이성적인 사람 등등. 실은 아이들도 가지각색의 사람들이 공존하는 이상한 나라에 살고 있는 것입니다.

그리스 신화를 봐도 의인화된 신의 모습이 각양각색입니다. 장점과 단점이 다르고 능력도 제각각이죠. 또 욕심내는 부분이나 성격이 다 다르며 겪는 사건에 따라 운명도 달라집니다. 아이에게 반 친구들의 개성을 말하게 해보면 어떨까요? 친구들의 성격, 취향, 버릇, 장점 등이 모두 다를 겁니다. 다양한 아이들이 모여서 한 반을 이루고 지냅니다.

아이 입장에서는 때로는 속상하기도 해요. 자신을 이해하지 못하고 반대하는 친구 때문에 마음이 상하게 됩니다. 또 피곤할 때도 있습니다. 자신과 의견이나 성격이나 취향이 다른 친구와 부딪히면 스트레스를 받을 수밖에 없어요. 그런데 그게 자연스러운 일입니다. 사람은 다 다르기 때문에 조금씩 충돌하게 되죠. 하지만 서로 양보하고 존중하면 조화 속에서 지낼 수 있습니다. 아이와 이런 대화를 나눠보면 좋겠습니다.

"사람은 무지갯빛처럼 서로 달라. 그래서 세상은 아름다운 거야."
"무슨 말인지 잘 모르겠어요."
"세상 사람들이 모두 똑같다면 어떨까? TV에 나오는 방송인들이 다 똑같은 유머를 한다고 생각해 봐. 또 유튜버들이 붕어빵처럼 똑같은 동영상을 만들면 어떻겠니? 스마트폰 만드는 사람들도 모두 생각이 같아서 한 종류의 기기가 나온다고 상상해 봐. 어때? 싫지 않아?"

사람은 꽃밭에 피어 있는 꽃처럼 모두 고유하고 아름다운 존재입니다. 그걸 알아야 마음이 활짝 열립니다. 포용적인 마음을 가진 아이는 편안하고 행복하겠죠. 교육을 위해서 똥 이야기부터 시작해도 괜찮을 것 같네요.

세상에는 눈을 사로잡는 사람과
마음을 사로잡는 사람이 있다

한국에서 성장하는 아이들 대부분은 외모지상주의의 위험에 노출됩니다. 저희 아이가 초등학생인 10여 년 전에도 그랬습니다. 반에서 누가 가장 외모가 뛰어난지 비교 평가하는 건 초등학교 저학년 때부터 일상이더군요. 미디어가 늘어나고 개인화된 요즘은 더하겠죠. 영화, TV, SNS를 보는 동안 아이들의 뇌리에서 외모가 최고의 가치라는 믿음이 떠나지 않을 겁니다.

외모 지상주의에 오염되면 평생 괴롭습니다. 소수의 절세 미남 미녀를 제외하고는 얼굴에서 작은 결함이라도 고통스럽게 찾아내겠죠. 그럴 때마다 자기 외모가 부끄럽고 싫을 겁니다. 어쩌면 절세 미남 미녀까지도 자기 외모의 결함을 찾아낼지도 모르겠네요.

저희 부부는 어떻게든 아이들의 외모지상주의 감염을 최소화해야 했는데, 노력도 부족했고 노하우도 알지 못했어요. 좋은 방법에 대해 제법 진지하게 고민한 끝에 결론에 다다랐습니다. '만인 미모론'을 알려 줘야 한다고요. 모든 사람의 외모를 긍정하는 발언을 자주 하자는 것이죠. 예를 들면 이렇게요.

"세상에 아름답지 않은 얼굴은 없어. 모두 제각기 아름다움을 갖고 있지. 너도, 친구를 포함해서 이 세상 사람들 모두 말이다."

아이가 수긍하면 다행이지만, 의문을 갖고 질문할 수도 있어요.

"정말인가요?"

"사실이야."

"근거를 말해 주실 수 있나요?"

"모든 사람이 아름답다는 '만인 미모설'을 뒷받침할 근거는 TV에서도 쉽게 찾을 수 있어. 네가 좋아하는 유재석 아저씨는 미남도 아니지만 매력 있지 않니? 그 아저씨 얼굴을 보면 기분이 좋아지잖아. 이유를 생각해 보자. 유재석 아저씨 얼굴에 아름다움이 있기 때문은 아닐까?"

위인전에서도 예를 찾을 수 있습니다.

"테레사 수녀님은 어때? 아이돌이나 배우의 얼굴은 아니잖아. 하지만 친근하고 품위 넘치잖아. 웬만한 연예인보다 더 멋있지 않니?"

집에서도 만인 미모설의 살아 있는 예를 찾을 수 있어요.

"너희 아빠를 봐. 살도 많이 쪘고 잘생겼다고 할 수는 없어. 하지만

난 아빠가 사랑스러워. 귀엽고 예뻐. 네 눈에는 아빠가 보기 싫은 얼굴을 가졌니?"

세상에 아름답지 않은 사람은 없습니다. 하지만 구분은 해야 할 것 같네요. 정확히 말해서 세상의 아름다운 사람은 두 종류로 나뉩니다. 눈을 사로잡는 사람, 마음을 사로잡는 사람, 이렇게요.

아이돌 등 대중문화 스타는 눈을 사로잡는 아름다움을 가졌습니다. 반면 유재석 MC, 테레사 수녀, 아빠는 얼굴은 조각이 아니지만 마음을 사로잡는 매력이 있어요.

어느 쪽이 더 아름다운지는 아이가 개인으로서 결정할 문제이지, 부모가 가르칠 것은 아니라고 봅니다. 그래도 물어볼 수는 있겠죠. 이렇게 말입니다.

"매력은 두 종류로 나뉘어. 눈을 사로잡는 매력과 마음을 사로잡는 매력이 있지. 넌 어떤 매력을 가진 사람이 더 좋아? 아니면 둘 다 좋아?"

사람의 아름다움은 외모뿐 아니라 내면에서도 나온다는 사실을 가르칠 수 있는 질문입니다. 이런 질문이 외모지상주의를 완전히 몰아낼 수야 없겠죠. 하지만 건강한 외모 가치관의 바탕은 마련해줄 수 있을 겁니다. 아이들이 외모 너머까지 보는 심미안을 알면 좋겠습니다.

로맨틱한 사랑 말고도
기쁘고 신나는 일은 아주 많다

초등학교 고학년이면 이성 친구를 바라는 아이들이 득시글합니다. 강제로 막을 수 없을 뿐더러 이성 교제도 성장에 이로운 경험이니까 금지할 것까지는 없을 겁니다. 그렇다 해도 부모의 역할이 없는 것은 아니죠. 중요한 진실 하나를 시시때때로 알려 줘서 기억시키는 게 부모들의 큰 역할인 것 같습니다.

그 진실이란 사랑 말고도 삶의 기쁨은 종류가 아주 많다는 사실입니다. 사랑을 해야만 행복한 것은 아니죠. 다른 일도 많아요. 예를 들어서 성장하는 기쁨, 친구와 교감하는 행복감, 취미 생활의 즐거움 등이 있습니다. 사랑의 대체 기쁨이 많다는 것을 아는 아이는 설령 뜻대로 안 되더라도 이성 교제 문제에 의연할 수 있습니다.

사랑의 의미를 낮춰 말해야 하는 건 아이들이 사랑을 신비화하는 문화 환경에 살고 있기 때문입니다. 영화, 드라마, 대중음악, 웹툰도 그렇지만 수백 권씩 읽는 동화부터가 이성 간의 사랑을 신비화합니다. 외모 출중한 왕자와 공주가 만나 영원한 사랑에 빠져서 결혼식을 치르는 게 많은 동화의 결말이잖아요. 좋은 짝을 만나서 사랑만 하면 마술처럼 완전한 행복의 품에 영원히 안길 것 같은 환상을 아이에게 심어주는 이야기들이 너무나 많은 상황입니다.

그런데 사실은 아니잖아요. 사랑이라는 게 그렇게 달콤하지 않을 뿐더러, 사랑 말고도 삶을 행복하게 만드는 일은 아주 많고요. 저희 부부가 아이에게 말한 적 없는 내용인데요. 사랑만큼이나 기쁜 일들을 네 가지만 이야기해 볼게요.

첫째, 좋은 친구는 굉장한 기쁨을 줍니다. 많은 동화에 아름다운 우정이 등장합니다. 예를 들어서 삼총사와 달타냥의 우정, 곰돌이 푸와 크리스토퍼 로빈과 피글렛의 우정, 피터팬과 웬디의 우정 등이 있죠. 친구는 폭신한 소파입니다. 편안하니까요. 친구는 또한 안전벨트입니다. 위험이나 일탈로부터 안전하게 지켜줄 수도 있어요. 친구는 또한 거울입니다. 멋있게 성장해가는 자아를 비춰 줍니다. 같이 놀면 너무나 즐거운 데다가 여러 이점이 있는 게 친구입니다. 아이들에게 이렇게 말해줄 수 있겠네요.

"곰돌이 푸는 공주와 만나 사랑하지 않아도 행복할 것 같지 않니? 왜 그럴까. 좋은 친구들이 그 이유 아닐까?"

사랑이 필요 없다는 뜻은 아니에요. 사랑만큼 우정도 기쁜 감정이라는 걸 이해하고 기억하도록 도와주면 좋지 않겠냐는 것이죠.

사랑만큼 기쁜 두 번째의 것은 새로운 경험입니다. 신밧드는 미지의 세계로 여행을 떠납니다. '오즈의 마법사'를 찾아갔던 도로시도 마술의 세계를 경험하죠. 앨리스는 하얀 토끼를 따라서 이상한 나라로 갔습니다. 새로운 것을 보고 듣고 체험한 동화 주인공들은, 사랑하지 않아도 행복했습니다. 현실에서도 비슷해요. 새로운 장소, 새로운 사람, 새로운 음식, 곳곳의 동물원과 박물관도 새로운 경험과 즐거움을 제공합니다.

아이에게 이렇게 질문하면 어떨까요?

"자기 힘으로 신비한 여행을 하고 집으로 돌아온 도로시와 잘생긴 왕자와 결혼해서 행복해진 신데렐라 중에서, 너는 누가 되고 싶니?"

도로시라는 아이의 답을 이끌어낼 목적인 것은 아닙니다. 두 가지 행복을 저울에 올리고 고민할 기회를 아이에게 주기만 해도 큰 의미가 있을 것 같습니다.

세 번째로 성장의 보람도 큰 기쁨이죠. 좋은 사람이 되는 기쁨이 연애 감정만큼이나 사람을 들뜨게 만들잖아요. 동화에도 그런 예가 적지 않아요. 전혀 다른 사람으로 변화 혹은 성장했던 스크루지, 피노키오, 장발장이 있습니다. 부실해 보이던 잭은 콩 나무에 오른 후 용맹해졌고, 미운 아기 오리는 슬픔을 겪은 끝에 백조로 성장해서 환희를 느낍니다.

끝으로 서로 사랑하는 가족도 기쁨을 줍니다. 헨젤과 그레텔, 아기 돼지 삼형제, 모글리와 모글리를 기르고 보살펴 준 늑대, 표범, 곰까지. 〈정글북〉에 나온 동물들은 모글리와 피만 나누지 않았지 진정한 가족이죠. 이런 동화들은 가족이 기쁨의 원천임을 직간접으로 보여 줍니다. 동화에 나오는 여러 인생의 기쁨을 아래 정리해 보았습니다.

- **이성과의 사랑** – 신데렐라, 백설공주, 개구리 왕자와 공주, 장화 신은 고양이의 주인 등
- **가족과의 사랑** – 아빠와 다시 만난 헨젤과 그레텔, 안전한 집에서 함께 사는 아기 돼지 삼형제 등
- **친구와의 우정** – 곰돌이 푸와 친구들, 피터팬과 친구들, 삼총사와 달타냥, 도로시와 허수아비 등
- **이타적인 기쁨** – 행복한 왕자, 로빈 후드, 홍길동 등
- **모험과 성공** – 알리바바, 거인의 재물을 거머쥔 재크 등
- **더 좋은 사람이 되는 보람** – 피노키오, 스크루지, 장발장, 잭 등

- **모험과 용기** – 피터팬, 신밧드, 〈보물섬〉의 주인공 짐 등

인생의 기쁨은 어디에서 올까요? 기쁨의 샘은 수십 가지는 될 겁니다. 사람마다 모두 다를 수밖에 없어요. 아이에게 물어보면 좋을 것 같습니다.

"무엇이 너를 가장 행복하게 할 것 같니?"

설사 돈이나 남친, 여친이라는 답이 나와도 물러서지 밀고 추가 질문을 할 수 있습니다.

"그럼 두 번째는 뭐니?"

사랑의 감정이 삶에서 가장 큰 자극이라는 걸 부인할 수야 없겠죠. 하지만 대안이 될 기쁨과 즐거움도 많다는 것을 아는 아이는 삶의 기쁨을 더 풍부하게 누릴 수 있지 않을까요? 사랑만큼 행복한 것들. 옛날에도 중요한 문제였겠지만, 사랑 중독 노래, 드라마, 만화가 홍수처럼 넘치는 시대의 요즘 아이들에게는 더더욱 중대한 주제인 것 같습니다.

남을 부러워하지 마라, 완벽히 행복한 사람은 없다

동화의 끝은 대부분 해피엔드입니다. 고난을 겪던 주인공이 꿈꾸던 행복을 얻게 되는 거죠. 부자가 되고, 왕이 되고, 아름다운 신랑 신부가 됩니다. 그런데 그건 현실과 어긋납니다. 인생은 희로애락으로 점철되어 있습니다. 아이들도 알아야 할 그 진실을 가르쳐 주는 좋은 이야기가 이솝 우화의 〈시골 쥐와 도시 쥐〉입니다. 다양한 버전이 있지만, 이솝 우화에 나오는 원본은 이렇습니다.

들쥐와 집쥐가 친한 친구 사이인데 어느 날은 들쥐가 집쥐를 초대했습니다. 집쥐는 너른 들에서 식사를 하게 되어 기분이 좋았는데, 들쥐가 내놓은 것은 보리와 같은 곡식 알갱이가 전부였어요. 집쥐는 크게 실망하고는 들쥐에게 자기 집으로 놀러오라고 초대합니다. 아주 맛있는 걸 먹여주겠다는 것이었습니다.

집쥐를 방문한 들쥐는 정말 놀랐습니다. 각종 곡식은 물론 꿀과 과일을 포함해서 먹을 게 너무나 많았던 거죠. 그런데 한 입 베어 물려고 할 때 갑자기 사람이 문을 벌컥 열고 들어오는 바람에, 급히 몸을 피해야 했어요. 잠시 후 사람이 나가자 쥐들은 다시 식사를 시작했지만 또 누군가 나타나는 바람에 혼비백산하며 달아나야 했습니다.

들쥐가 집쥐에게 말했어요.

"나는 우리 집으로 가야겠어. 거친 음식이라도 편안한 게 훨씬 좋을 것 같아."

자기가 부유하고 행복하다고 생각했던 집쥐는 머쓱한 표정을 지을 수밖에 없었습니다. 이 이야기는 아이에게 아주 중요한 교훈을 줄 수 있습니다. 이렇게 질문하면 어떨까요?

"이솝은 〈시골 쥐와 도시 쥐〉에서 무슨 말을 하고 싶었을까?"

"잘난 척 하지 말라고 말하고 싶었던 것 같아요."

"와. 대단하다. 아주 뛰어난 해석이야. 맞아. 우월감을 갖지 말라는 뜻이 숨어 있어."

….

"그리고 하나 더 있어."

"뭐죠?"

"완벽하게 행복한 사람은 없다는 걸 이야기가 말해주는 것 같아."

그렇습니다. 도시 쥐(집쥐)가 그랬어요. 굉장히 화려하고 풍족한 삶을 사는 것 같지만, 집쥐의 행복은 불완전합니다. 불안 속에서 살아야 하니 얼마나 피곤할까요? 그런데 시골 쥐(들쥐)도 마찬가지 아닐까요? 마음 편히 살지만 맛있고 영양도 풍부한 걸 먹을 기회가 적으니, 완벽하게 행복한 것은 아니죠.

쥐만 그런 게 아니죠. 사람도 누구하나 완벽하게 행복하지 않습니다. 불행이 조금씩 끼어 있죠. 달리 말해서 희로애락으로 점철된 인생을 살아가야 합니다.

우리 아이들 삶도 그렇죠. 기쁜 일도 있지만 가끔은 슬퍼서 엉엉 우는 걸 피할 수 없어요. 즐거운 일과 화나는 일도 생기고요. 안타깝죠. 하지만 그게 인간이 거부할 수 없는 삶의 조건인 걸 어떡하겠어요. 이렇게 대화를 시작하면 될 것 같아요.

"매일 행복하면 좋겠지? 근데 그런 사람이 있을까?"

"유명한 아이돌이 되면 매일 행복할 것 같아요."

"아이돌도 걱정이 많아. 친구나 가족과 다툴 때도 있지. 언제든 인기를 잃을 수 있으니까 두려울 수밖에 없어. 아무리 유명하고 돈을 많이 벌어도 걱정과 슬픔은 피할 수 없어."

누구도 완전한 행복을 누리지 못한다고 생각하면 조금 슬프거나 불편한 것도 받아들일 수 있습니다. 나아가서 누구도 부러워할 필요가 없다는 것도 알게 되죠. 모두 각자의 기쁨과 슬픔, 즐거움과 화를 마음에 품고 살아갑니다. 아무리 행복해 보여도 순전히 행복하기만 한 사람은 없으니 부러워 할 이유도 없는 것이죠.

세상에 완전히 행복하거나 불행한 사람이 없다는 걸 알려 주면, 아이들 삶의 만족도가 높아질 것 같습니다. 그런데 유감스럽게도 저희 부부는 과거에는 이 중요한 주제를 머리에 떠올리지도 못했습니다. 〈시골 쥐와 도시 쥐〉를 징검다리로 삼아서 이야기해 줬다면, 아이에게 큰 도움이 됐을 것 같은데, 그러지 못했습니다. 무척 아쉬운 기억이기는 한데 아이를 키운 과정이 만족스럽기만 한 부모는 없을 거라고 스스로 위안을 해봅니다.

남의 말을 맹신하지 말고
질문해야 한다

경청과 수용은 아이가 아니라 누구라도 배워야 할 삶의 태도입니다. 하지만 남의 말을 맹신하는 것은 위험합니다. 상대가 나쁜 사람이라면 더 문제겠지만, 진심 어린 호의를 가졌다고 해도 다를 게 없어요. 주체적 인간으로서 나만의 판단과 의견을 갖고 있어야 합니다.

지푸라기 허수아비처럼 텅 빈 존재가 되지 않으려면 남의 이야기를 경청하되, 나의 판단도 소중히 여겨야 하겠습니다. 저희 부부는 과거의 기회가 아깝습니다. 아이에게 이렇게 균형 잡힌 조언을 해줬어야 합니다.

"남의 말을 다 믿을 필요는 없어. 네가 옳다고 판단한 것만 믿으면 되는 거야."

"경청은 하더라도, 네 생각도 중요하다는 걸 잊지 마."

"남의 생각만큼 네 생각도 소중해."

나의 판단과 의견도 중시하는 사람은 질문을 합니다. 미심쩍은 주장을 들었다면 왈칵 맹신하지 않고, 내 마음속 의심을 존중하면서, 적절한 질문을 던지는 것이죠. 이런 어려운 이야기를 들려주는 건 쉽습니다. 동화 덕분이죠. 남의 말을 맹신했기 때문에 생명을 잃을 뻔한 이가 있습니다. 바로 백설 공주입니다.

어느 날 할머니로 변장한 왕비가 찾아와서 독 사과를 내밀었습니다.

"이건 아주 맛있는 사과란다. 한 입 베어 먹어볼래?"

"예. 감사합니다. 잘 먹겠습니다."

백설 공주는 남이 주는 사과를 먹고 쓰러졌어요. 나중에 우연히 되살아났지만 자칫하면 영영 저 세상으로 갈 뻔 했던 건데, 그건 남의 말을 무비판적으로 수용했기 때문입니다. 백설 공주는 이렇게 질문했어야 하는 것 아닌가요?

"왜 이걸 저한테 주시죠? 혹시 해로운 것은 아닌가요? 꼭 주고 싶다면 두고 가세요. 생각해보고 나중에 먹을 게요."

순진한 백설 공주는 질문하지 않고, 남의 말을 다 믿어 버렸어요. 잘못입니다.

비슷한 예는 빨간 모자입니다. 빨간 모자가 늑장을 부리는 동안 늑대는 할머니 집으로 먼저 와서 할머니를 잡아먹고는 할머니 옷으로 변장을 하고 기다리고 있었습니다. 하지만 모습이 이상했어요. 빨간 모자는 의심스러워서 물어봤어요.

"할머니 귀가 왜 그렇게 큰가요?"

"그건 네 말을 잘 듣기 위해서지."

"할머니 손은 왜 그렇게 큰가요?"

"그건 네 손을 더 잘 잡아주기 위해서시."

그런데 질문과 답은 거기서 끝났고 빨간 모자는 늑대의 뱃속에 들어가는 신세가 됩니다. 더 물어봤어야 합니다. 문밖으로 뒷걸음치면서 질문했어야 해요.

"키는 왜 더 커졌죠? 피부가 안 좋아진 이유는요? 정말 우리 할머니가 맞나요? 잠시만 기다리세요. 저기 지나가는 사냥꾼 아저씨는 어떻게 생각하는지 물어볼게요."

헨젤도 질문을 하지 않아 큰일을 당할 뻔 했습니다. 무사히 집에 돌아왔으니 다행이지 잘못했으면 마녀의 밥상에 오를 뻔 했죠. 그런 위기 상황은 아빠가 헨젤과 그레텔을 버렸기 때문에 일어났는데, 헨젤은 그 계획을 미리 알고 있었어요. 그렇다면 질문을 했어야죠. 아빠는 나무를 하러 같이 가자며 숲으로 아이들은 유인했을 겁니다. 그때 헨젤은 침묵만 하지 말고 질문을 하는 게 훨씬 나았어요.

"아빠? 나무를 하러 가는데 왜 저희도 가야 하나요? 조금 이상해요. 혹시 저희를 버리시려고 하죠?"

동화 속의 아이들은 적극적으로 질문하지 못합니다. 어른의 말을 수긍하고 따라야 한다고 배운 것 같아요. 안 됩니다. 우리 아이들에게는 납득이 안 되면 질문하는 게 옳다고 말해줘야 합니다. 그래야 허수아비가 아닌 주체적인 인간 존재로 성장할 수 있을 테니까요.

달리 말해서 질문을 고무하면 비판적 사고력을 길러줄 수 있습니다. 여기서 비판적이라는 건 트집 잡아서 비판한다는 뜻은 물론 아니죠. 옳고 그름을 따진다는 의미입니다. 누군가가 그럴 듯한 말을 해도 무조건 수용해서는 안 됩니다. 그것이 진실인지 또는 진심인지 분석한 후에, 수용 여부를 결정해야 하는 겁니다. 이런 비판적 사고를 위해서는 질문하는 습관이 필요합니다.

"그건 왜 그런가요?"
"그 말씀이 진실인가요?"
"그것 말고 다른 방법이나 다른 시각은 없을까요?"

저희 부부는 아이를 기르면서 호기심을 충족시킬 질문을 권장했었습니다. "하늘이 왜 파란가요?" "우주는 누가 만들었나요?" "인류는 어떻게 생겨났나요?"와 같은 질문들이죠.

그런데 단순 호기심 질문이 아닌 비판적 질문을 권한 일은 많지 않습니다. 새롭게 접하는 지식이나 주장의 진위를 가리는 질문을 하는 아이가, 늑대 같이 나쁜 정보의 격류 속에서도 자기중심이 튼튼해지는 데 말입니다.

CHAPTER 3

기다려야 했습니다,
서서히 무르익기를

아픔과 어려움을 이겨낸 후에
아름다운 사람이 된다

저희 부부는 몇 번 상상해 봤습니다. 친구들과 다퉈서 괴로워하거나 시험 성적이 나빠서 울상이었던 우리 아이에게 이런 말을 해줬다면 얼마나 좋았을지.

"힘들고 아픈 일들이 밉지? 근데 오해하지 마. 걔네들은 널 괴롭히려는 게 아냐. 아픔과 어려움은 널 아름다운 사람으로 만들고 싶어 해. 만일 힘들고 아픈 일이 없다면, 아름답게 자랄 수 없단다."

사실 그렇죠. 힘든 일들이 몸을 아프게 통과하지 않고는 온전한 사람이 될 수 없습니다. 아기들은 넘어져서 무릎을 다쳐봐야 걸을 수 있습니다. 아이의 면역력이 높아지는 건 크고 작은 병치레 덕분이고요. 마음의 고통도 성장판을 자극합니다. 사랑받는 느낌만으로는 인간이 될 수 없어요. 좌절감, 후회, 창피함 등을 겪은 후에야 온전한 마음을 갖게 되죠.

사람은 아픔을 겪어야만 아름다운 존재가 됩니다. 이 엄연한 사실을 납득시키려면 사실 몇 문장으로 말해서는 부족합니다. 이야기가 필요합니다. 그래야 아이가 이해하고 기억도 하게 될 것입니다. 아래는 영어권 인터넷에서 유명한 스토리에 살을 붙인 것인데, 아이에게 들려주면 유익할 것 같습니다.

옛날 중국의 황제 부부에게서 늦둥이 황태자가 태어났습니다. 아이를 애지중지한 황제 부부는 아이가 어떤 아픔도 어려움도 겪지 않게 하라고 시종들에게 명령합니다. 배가 고파서 울음을 터뜨리면 너무나 안쓰러워 아이가 배고픈 시간이 없도록 계속 먹이게 했어요. 걸음마 하다가 넘어져서 우는 걸 보고는 절대 걷지 못하게 했습니다.

아이가 글공부를 하다가 너무 어렵다며 눈물을 흘리자, 이번에는 절대 글을 읽지 못하게 했습니다. 세월이 흘러 황태자가 십대 후반이 되었을 무렵, 황제가 세상을 떠났습니다. 그러나 황태자는 황제의 자리에 오를 수 없었습니다. 쉴 새 없이 먹은 황태자는 거대한 하마 같은 몸을 가졌고, 업혀만 다녔기 때문에 커서도 한 걸음도 걷지 못했고, 글 읽고 생각하는 힘도 전혀 없는 황제를 반길 사람은 백성과 신하 중에 단 한 명도 없었습니다. 황태자는 깊은 숲 작은 집에 누워서 먹기만 하며 남은 생을 보내게 되었습니다.

아이에게 이런 질문을 던지면서 대화를 이끌어 보세요.

"황제 부부가 자기 아이를 행복하게 했니? 불행하게 했니?"

"아주 불행하게 만들었어요."

"황제 부부가 어떤 잘못을 했다고 생각하니?"

"아기를 지나치게 보호한 거요."

"그렇지. 배고픈 고통, 넘어지는 아픔, 공부하는 고통을 못 느끼게 했던 게 큰 잘못이었어."

　

황제 부부는 아이를 고통에서부터 과보호했기 때문에, 아이를 더없이 불행하게 만들었습니다. 아이를 너무나 사랑했기 때문에 불행에 빠트린 황제 부부는 참으로 어리석은 부모였습니다. 아픔 없는 인생은 너무 달콤해서 문제입니다. 매일 아침부터 저녁까지 달달한 사탕과 아이스크림과 케이크만 계속 입에 우겨 넣는 것과 똑같죠. 아이는 허약해집니다. 몸과 마음이 망가지고 성장하지도 못합니다.

아이들에게 필요한 것은 맵고 쓴 맛입니다. 위 이야기를 통해 그 사실을 설득할 수 있을 겁니다. 물론 동화 이야기를 해도 좋겠죠. 동화 속 주인공들은 대개 어려움을 극복하고 훌륭한 사람으로 성장합니다. 동화 속 주인공들이 극복한 불행 혹은 어려움을 저희 부부가 분석해 봤습니다. 종류가 참 많은데 여기서는 여덟 가지만 꼽겠습니다.

- **미움과 증오심** – 잠자는 숲속의 공주, 열한 명의 백조 왕자를 구한
  엘리제

- **나쁜 이들의 속임수** – 파란 수염과 결혼한 막내 딸, 마녀의 거짓말
  에 속았던 라푼젤

- **외모에 대한 편견** – 미운 아기 오리, 개구리 왕자, 야수

- **차별과 박해** – 혼자 집안일을 떠안은 신데렐라, 몸이 작아서 함부로
  취급된 엄지 공주

- **나태한 마음** – 베짱이가 놀아도 열심히 일했던 거미, 아기 돼지 삼
  형제 중 막내 돼지

- **두려움** – 무서웠지만 거인의 성으로 갔던 잭, 깜깜한 숲속에서도 용
  기를 낸 헨젤과 그레텔

- **이기심** – 스크루지, 이기적인 거인

- **낮은 자존감** – 미운 아기 오리, 마법사 오즈를 찾아간 겁쟁이 사자

대부분의 주인공들이 외부와 내면에서 비롯된 어려움에 맞닥뜨리는 게 공통점이죠. 또 다른 공통점도 있어요. 처음에는 당황하고 힘들어하지만 결국은 어려움을 넘어서 아름다운 사람이 된다는 겁니다. 어려움 극복이 성장의 필수 조건이란 사실을 가르치려면, 정교한 질문이 필요합니다. 이렇게 물어보면 될 것 같아요.

"구두쇠 스크루지가 좋은 사람이 됐네. 그러기 위해서 무엇을 극복했다고 생각하니?"

"욕심인가요?"

"훌륭하다. 욕심 맞다. 이기심이라고 해도 되겠고….'"

스크루지는 과거와 현재에 끌려 다니며 고생한 끝에 하나를 극복했어요. 바로 이기심(혹은 욕심)입니다. 그걸 이겨냈더니 이웃의 사랑을 받는 사람으로 변했습니다. 신데렐라는 차별을 견디고 이겨낸 끝에 사랑하는 사람을 만났습니다. 엘리제는 오빠 열한 명에게 입힐 옷을 짜면서 무척 고생했죠. 그 어려움을 이긴 후에 오빠들을 저주에서 풀려나게 했습니다. 마법사 오즈를 찾아갔던 사자는 자신이 겁쟁이라고 믿었어요. 자존감이 낮았던 거죠. 그런데 알고 보니 자신은 용기가 넘치는 멋있는 사자였습니다. 그렇게 낮은 자존감을 극복한 후, 사자는 위엄 있는 동물의 왕이 됩니다.

어렵지 않거나 힘들지 않은 인생은 없죠. 삶의 고통은 인간의 숙명이어서 우리 아이도 피해갈 수 없어요. 작고 순진무구한 아이도 내적, 외적 고통을 통과해야 하는 겁니다. 안타까운 부모가 해줄 수 있는 말은 두 가지인 것 같아요.

첫째, 어렵고 힘든 일은 영양제 같아서 겪고 나면 튼튼하고 멋있는 사람이 된다는 낙관적 사실을 알려줄 수 있어요. 두 번째로는 편히 쉬면서 낙관적 시각과 생동하는 에너지를 되찾을 수 있게 도와주는 겁니다.

물론 쉽지 않은 과제입니다. 그런데 그런 어려움을 극복하고 나면 부모들도 역시 아름다운 사람으로 성장할 수 있을 겁니다. 노력과 지혜가 부족했던 저희 부부는 양육 졸업식 무렵, 충분히 아름다워지지 못했지만, 여러분은 다르기를 기원합니다.

네가 백조가 되지 못해도
널 무조건 사랑할 것이다

　목표를 향해 낯선 길로 나서는 건, 아이라면 어른보다 더 두려운 일이겠죠. 그러니 부모가 말해줘야 합니다.

　"목표를 이루지 못할 것 같아서 무서워? 그래. 무서울 수도 있지. 그런데 잊지 마. 엄마 아빠는 어떤 일이 있어도 너를 사랑할 거야."

　저희 부부는 그런 말을 하지 않았던 걸, 깊이 후회합니다.

　물론 오늘의 고통을 참으라고 가르치는 것도 부모 혹은 양육자의 의무일 겁니다. 예를 들어 미래의 기쁨을 위해 현재의 기쁨을 일부 포기할 수밖에 없다고 아이들에게 말해줘야 하죠. 힘들거나 괴로운 일도 긍정하는 게 왜 필요한지, 학습 목표를 세운 후에 꾹 참고 공부하는 게 왜 중요한지도 필요하다면 귀에 못이 박히게 반복해서 들려줘야 합니다.

　부모든 조부모든 아니면 다른 양육자든 다 똑같습니다. 아이에게 성취를 요구하는 역할도 맡게 됩니다. 하지만 그와 동시에 고백해야 할 것도 있습니다. 어떤 일이 있어도 무조건적으로 사랑한다고 말입니다. 예를 들면 이렇게 말할 수 있겠죠.

"고통을 참고 노력하면서 성장해라. 목표를 세우고 도전해라. 그런데 결과가 어떻게 되든 너를 사랑할 것이다. 우리는 무조건 너를 지지하고 사랑할 것이다."

저희 부부는 어땠냐고요? 그런 약속을 명시적으로 해준 기억이 없어요. 그렇다고 "그 목표를 이루지 못하면 너를 미워할 거야"라고 협박할 정도로 독한 부모도 아니었죠. 대신 침묵으로 겁을 줬던 것 같아요. 말은 안 했지만, 표정과 어조로 이런 메시지를 보냈던 겁니다.

"지금 너는 사랑스럽지 않아. 성적을 올린 후에야 너는 사랑스러워진다."

저희 부부는 현명하고 따뜻한 양육자가 아니었던 것입니다. 그럼 어떻게 말해줘야 했을까요? 다시 그 시절로 되돌아간다면, 〈미운 아기 오리〉를 활용할 것 같습니다. 〈미운 아기 오리〉는 감동적인 동화입니다. 무엇보다 내 안의 아름다운 잠재성이 발현되는 날이 반드시 온다는 약속이 담겨 있어서 마음을 울립니다.

그런데 허점이랄까 납득하기 어려운 설정도 있어요. 꼭 백조가 되어야만 행복할까요? 백조가 아닌 오리들은 평생 불행을 감내해야만 하는 불쌍한 존재인가요? 아이들과 이렇게 묻고 답하면 좋을 것 같아요.

"만일 미운 아기 오리가 커서 백조가 아니라 여전히 오리였다면 불행했을까?"

"조금 슬펐을 것 같아요."

"꼭 백조여야 행복할 수 있는 걸까? 오리로 살아도 행복이 있지 않았을까?"

미운 아기 오리는 자신이 백조라는 걸 알고는 깜짝 놀라죠. 자신에게 감동하고 자부심과 자기 사랑도 느꼈던 것 같습니다. 그런데 여전히 오리였다면 어땠을까요? 자신을 괴롭힌 형제들과 똑같이 보통의 오리였다면 자부심과 자기 사랑을 느끼면 안 되는 걸까요?

백조처럼 날개와 목이 길어야 자기 사랑의 자격이 생기나요? 백조처럼 꼭 하늘을 훨훨 날아야만 행복할 수 있나요? 아닌 것 같아요. 날개와 다리가 짧아도 오리는 소중한 생명체니까 자신을 사랑할 권리가 있고 행복할 권리도 있는 겁니다.

사실 그런 생각은 이미 부모들 마음속에 있습니다. 사실 부모로서는 아이가 자라서 오리여도 좋고 백조여도 상관없어요. 무조건 사랑해 줄 게 분명합니다. 바로 그 마음을 자주 표현해 줘야 한다는 게 저희 부부의 후회 섞인 조언입니다.

아이들은 초등학교 때부터 치열한 경쟁을 경험합니다. 아이들에게는 각자 재능과 장단점이 있게 마련이죠. 객관적으로 생각해 보면 우리 아이들은 오리가 될 수도 백조가 될 수도 있어요. 평범한 어른이 되거나 남들이 부러워하는 어마어마한 어른이 될 수도 있겠죠.

그런데 어느 쪽이건 부모에게는 아름답습니다. 어느 대학을 가건 어떤 직장을 가건 아이는 존재하는 이유만으로, 감격적이고 사랑스럽고 감사한 것입니다. 부모라면 아이를 사랑하지 않을 수 없죠. 조건 없이 어떤 상황에서도 사랑하는 게 부모의 마음이죠. 그 마음을 아이가 어릴 때부터 자주 밝혀주는 게 좋겠습니다.

미운 아기 오리의 엄마도 좀 더 적극적이어야 했어요. 미운 아기 오리에게 언어적, 물리적 폭력을 가했던 그 못된 농장 동물들에게 이렇게 외쳤다면 더 좋았을 겁니다.

"우리 아이를 놀리지 마라. 너희들은 모두 마음이 추하다. 내 아이는 너무나 아름다운 귀한 존재다. 감히 내 아이를 놀리고 못살게 굴면 가만 두지 않겠다."

그렇게 말해 줬다면 곁에서 울던 미운 아기 오리가 얼마나 감격을 했을까요? 저희 부부도 참 후회가 됩니다. 아이에게 이를테면 이렇게 말해줬어야 합니다.

"힘들어야 성장한다. 고통을 겪어야 더 멋있는 사람이 된다. 한 순간도 목표를 잊지 마라. 두려워 말고 과감히 도전해라. 그런데 네가 실패를 해도 아무 상관없다. 엄마 아빠는 이 세상에 가장 아름다운 너를 무조건 사랑해 줄 것이다."

어렵지 않은 말이고, 아이가 평생 기억할 감동적인 말인데, 왜 그땐 아이에게 이 말을 들려주지 않았을까요?

너에게는 예상보다
아름다운 인생이 열릴 것이다

모든 아이에게는 큰 잠재력이 있죠. 사업가, 인문학자, 과학자, 연예인, 예술가, 회사인 등이 될 능력이 잠재되어 있는 것입니다. 그 잠재력이 실현되는 데 가장 필요한 것은 자신감일 겁니다. 스스로를 믿어야 합니다. 자신에게 거대한 잠재력이 응축되어 있다는 사실을 뜨겁게 신뢰해야 잠재력 실현에 유리합니다.

반대로 자신에게 잠재력 따위가 있을 리 없다고 불신하는 아이는, 그나마 있던 잠재력도 모두 증발시키고 맙니다. 아이에게 이렇게 응원할 수 있겠습니다.

"믿어보렴. 넌 아직 새싹이지만 수백 미터 키 큰 나무가 될 수도 있어."
"네가 상상할 수 없을 정도로 큰 잠재력이 너에게 있어."

"넌 모른다. 네 안에 얼마나 큰 가능성이 있는지, 아직은 몰라."

자신의 가능성을 신뢰하는 건 꼭 필요합니다. 10여 년 전으로 돌아갈 수만 있다면 허수아비 이야기를 아이에게 해줄 겁니다. 〈오즈의 마법사〉에 등장하는 그 순하고 현명한 허수아비 말입니다.

도로시는 강아지 토토와 함께 길을 가다가 허수아비를 구조합니다. 허수아비는 막대에 끼워져 밭 한가운데 서 있었는데 도로시가 구해준 덕분에 겨우 땅에 발을 딛게 됩니다.

허수아비는 자존감이 무척 낮았습니다. 자신은 판단력도 사고력도 없는 바보라고 생각합니다. 자기에게 뇌가 없는 게 그 이유라고 믿죠.

그런데 허수아비는 바보가 아니었어요. 친구들과 여행을 하면서 점점 놀라운 능력을 발휘했어요. 도로시, 사자, 양철 나무꾼이 위기에 처하면 여러 번 묘안을 냈습니다. 마법사 오즈도 허수아비는 머리가 아주 좋다고 칭찬을 했습니다.

가장 놀란 건 허수아비 본인입니다. 상상도 못했거든요. 뇌가 없는 자신이 그렇게 똑똑하고 현명할 거라고는 꿈에도 생각 못했죠. 허수아비에게도 그가 알지 못하는 커다란 잠재력이 숨어 있었습니다.

〈잭과 콩 나무〉의 잭은 자신이 거인과 싸워 이기는 영웅이 될 줄은 전혀 몰랐을 겁니다. 집안일이나 해야 했던 신데렐라도 왕비가 되어 세상의 존경을 받는 자신의 미래를 상상 못했겠죠. 현실의 인물 알베르트 아인슈타인도 비슷할 겁니다. 아인슈타인이 어릴 때는 천재 물리학자로 성장해서 인류 역사에 영원히 기록될 거라는 상상은 못했을 겁니다.

우리 아이에게도 엄청난 지능과 지혜가 잠재했을 가능성은 충분합니다. 그걸 믿게 도와주면 아이의 자신감이 높아질 테고, 높은 자신감은 능력을 최대치로 발휘할 기회를 열어줄 것입니다. 부모가 할 첫 번째 일은 잠재력이 있다고 인정해주는 것, 두 번째 일은 아이가 잠재력을 확인할 방법을 알려주는 것입니다. 이런 대화가 이뤄지면 좋을 것 같네요. 부모님이 먼저 말합니다.

"네 속에는 굉장한 잠재력이 있어."
"어떤 잠재력이요?"
"그건 사실 엄마 아빠도 몰라."
"언제 알게 되나요?"
"네가 실행을 하다보면 알게 돼."
"실행이요?"
"읽고, 쓰고, 생각해라. 또 친구들과 뛰어놀아라. 어려운 일을 시도해봐라. 그런 과정에서 서서히 알게 될 거다. 네가 어떤 재능을 가졌는지를 말이다."

경험과 실험을 통해 아이는 자기 잠재력을 알게 되고, 그것을 발현할 기회를 갖게 됩니다. 그 전에 필요한 건 앞서 말했듯 자신감입니다. 이런 말을 자주 듣는 아이가 자신감을 갖게 될 것입니다.

"너는 네 생각보다 훨씬 훌륭해. 그걸 잊지 마라."

"너는 네 예상보다 더 아름다운 인생을 살 거야. 반드시."

글을 쓰면서도 아쉽습니다. 무척이요. 저런 말을 아이에게 해줄 지혜나 여유가 왜 과거의 저희 부부에게는 없었을까요? 아이들이 낙관적인 자신감을 갖게끔 늦지 않게 도와주는 부모님이 되시라고 조심스레 조언 드립니다.

괜찮다,
누구나 틀릴 수 있다

저희 부부도 아이 앞에서 자주 다툼을 벌였습니다. 언성을 높이는 다툼도 분명히 있었지만, 아마 작은 신경전은 기억할 수 없을 만큼 많았겠죠. 지금 생각해 보면 부모가 다투면 아이에게 심리적 상처뿐 아니라 인격적으로도 해를 끼치는 것 같아요. 자기만 옳다거나, 자기만 옳아야 한다는 생각을 심어주는 게 문제입니다.

세상 모든 부부싸움은 거의 비슷하잖아요. '나는 옳고 당신은 틀렸다'는 것입니다. 그렇게 주장하고 논쟁하는 모습을 자주 보여주면, 아이는 자신만 옳다는 아집에 감염될 개연성이 높은 것 같습니다.

사람은 대개 자기가 옳다고 믿습니다. 자신의 판단이 정확하고 상식적이라고 가정합니다. 그게 나쁘다는 건 아닙니다. 한 가지 조건만 충족시킨다면 문제가 아닌 것 같아요. 자기만 옳다는 독선에만 빠지지 않으면 되는 겁니다. 아이에게 이렇게 일러줄 수 있어요.

"사람은 자신이 옳다고 생각한단다. 너도 엄마도 아빠도 친구도 다 자기가 옳다고 생각해. 자기가 옳다는 생각은 괜찮아. 나쁜 건 자기만 옳다는 생각이야."

저런 말을 아이에게 해줬던가? 떠올려 보니 안타깝게도 기억이 없네요. 저희 부부가 과거로 돌아가 자기 오류의 가능성을 아이에게 가르친다고 상상해 봅니다. 저희는 아마 〈잭과 콩 나무〉를 대화의 계기로 삼을 겁니다.

〈잭과 콩 나무〉에서 잭이 마지막 남은 재산인 소를 팔러 길을 떠났다가, 소를 콩 몇 개와 바꿔서 돌아옵니다. 어머니는 몹시 화가 났어요. 변변찮은 아들이 속아도 단단히 속았다고 생각했죠. 화가 난 어머니는 콩을 창밖으로 던져 버렸죠. (얼마나 다행인가요. 요리를 해서 먹었으면 어쩔 뻔 했어요.) 어머니는 이렇게 생각했을 겁니다.

'잭은 사기를 당했어. 세상에 마법의 콩이 있을 순 없어. 아들은 너무나 큰 실수를 했다.'

하지만 다음날 콩 나무가 하늘까지 자라나 있었기 때문에, 잭의 생각이 맞았다는 게 증명되었죠. 어머니는 확신을 했지만 틀렸던 겁니다. 사실 잭의 어머니가 아니라 정신이 건전한 누구라도 같은 생각이었을 거예요. 잭이 속임수에 빠져 마지막 재산을 날려버렸다고 믿어 의심치 않았을 겁니다.

그런데 잭이 가져온 것은 마법의 콩이 맞았습니다. 소 한 마리보다 훨씬 값진 신기한 물건이었어요. 그때 어머니가 어떤 마음이었을까요? 부모님들은 아이에게 이렇게 질문하고 대화를 해보면 좋겠습니다.

"어머니 생각과 달리 그 콩은 마법의 콩이었어. 그걸 모르고 잭을 야단치고 저녁까지 굶긴 어머니는 마음이 어땠을까?"

"많이 미안했을 거 같아요."

"잭의 엄마는 자기만 옳다고 생각한 게 잘못이었어. 누구나 자기 생각이 틀릴 수 있다는 걸 잊지 말아야 해. 엄마도 아빠도 너도 모두 똑같아."

물론 자기주장을 자신 있게 밝혀야 합니다. 하지만 동시에 염두에 둬야 합니다. 내가 틀릴 수도 있다는 사실을 말입니다. 그렇게 생각해야 사고가 유연해집니다. 사회성이 높아지고 갈등도 낮아집니다.

맞아요. 저희 부부가 하지 못한 말인 것 같습니다. "누구나 틀릴 수 있다. 그리고 좀 틀려도 괜찮다. 틀린 생각을 슬슬 고치는 게 인생의 과정이란다."라는 말이요.

내가 옳다고 생각하는 건 인간의 본성에 가까워요. 앞서 이야기한 것처럼 내가 옳다는 생각 자체는 괜찮지만, 오로지 나만 옳다고 생각하는 건 문제입니다. 누구나 틀릴 수 있잖아요. 그 사실을 무시하면 독선에 빠지게 됩니다. 내가 옳다고 믿으면서도, 내가 틀릴 가능성도 인정하는 차원 높은 삶의 태도를 아이에게 가르쳐준다면, 아이의 사고가 유연해지고 삶도 부드러워질 것 같습니다.

이기지 못해도 괜찮다,
포기하지만 않으면 된다

저희가 아이를 기르는 동안에 알아차리지 못했던 사실이 있습니다. 동화 스토리 중 상당 수가 경쟁적이더군요. 아이들은 그렇잖아도 심한 경쟁 질서에 노출되어 있는데, 아이를 둘러싼 문화도 경쟁의식으로 점철되어 있습니다.

동화 스토리도 경쟁적입니다. 이긴 자와 패배한 자가 기본 구도인 동화가 수두룩해요. 예를 들어 거북이와 토끼, 사냥꾼과 늑대, 공주와 마녀, 피터팬과 후크 선장 등이 있죠. 동화만이 아니죠. 게임도 축구도 야구도 모두 승패를 가리는 게 최우선이고, SNS에서도 조회 수와 팔로워 수 경쟁이 벌어집니다.

환경이 이러니까 우리 아이들은 너무 단순한 승패의 세계관에 물들 수밖에 없어요. 세상을 승자와 패자로 나눌 수 있다는 착각에 빠지기 쉽죠. 하지만 삶이 어디 그런가요? 현실에서는 승자와 패자가 명확하게 갈리지 않아요. 모두가 승자일 때도 있죠. 삶은 훨씬 복잡합니다. 그래서 납작하고 단순한 승패의 세계관에서 아이들을 시급히 구조할 필요가 있어요.

《노인과 바다》 이야기에서 누가 승자이고 누가 패자인지 알기 어렵습니다. 84일 동안 물고기를 잡지 못해서 재수 없는 사람 취급을 받는 노인 어부가 있습니다. 좌절이 얼마나 컸겠고 걱정은 얼마나 심했을까요? 하지만 그는 다 잊고 조각배에 올라서 다시 바다로 나갑니다.

노인은 실로 엄청난 크기의 물고기를 잡습니다. 생존 의지도 엄청난 녀석이었죠. 낚싯줄로 연결된 청새치와 노인은 여러 날 동안 서로 밀고 당기면서 싸움을 벌입니다. 노인은 날 생선을 먹고 버티죠. 낚싯줄을 쥐고 있던 노인의 손가락은 다 헤집니다. 아마 청새치도 낚싯바늘 때문에 무척이나 큰 상처를 입었을 겁니다.

결국에는 노인이 청새치를 끌어 올려 자기 배 옆에 묶었습니다. 이제 노인이 이기고 청새치가 패배한 것일까요? 아닙니다. 노인 산티아고는 말합니다. "물고기야. 너는 너무나 아름답고 훌륭하고 숭고하다." 물고기는 낚싯줄에 걸리고도 며칠 동안 포기하지 않고 끝까지 버텼습니다. 어부를 감탄하게 만들 정도였어요.

노인이 보기에 청새치는 졌지만 잘 싸운 정도가 아니라, 의지가 강한 홀륭하고 아름다운 존재였습니다. 노인은 진심으로 청새치를 격찬했어요. 그래도 청새치가 패배한 것일까요? 아니면 지고도 이긴 것일까요?

노인은 뜻밖의 도전을 맞이하게 됩니다. 상어들이 배에 묶인 청새치에게 달려듭니다. 임시방편으로 만든 작살로 상어를 몇 마리 죽이기는 했죠. 하지만 결국 다른 상어들이 몰려와 청새치를 다 먹어 치웁니다. 나흘이 지나서야 노인은 항구로 돌아옵니다. 배에 매단 물고기는 머리와 뼈다귀만 남았죠.

노인은 패배한 것일까요? 그렇지만도 않습니다. 5.5미터에 달하는 물고기의 위용에 사람들이 놀랍니다. 한 상인은 그런 엄청난 물고기는 평생 처음 봤다고 감탄하죠. 노인은 창처럼 생긴 주둥이를 예뻐하는 아이에게 선물로 줄 수도 있었습니다.

마을 사람들은 노인이 엄청난 사투를 벌였다는 걸 모두 짐작할 겁니다. 노인은 피곤한 몸을 침대에 누이고 잠이 듭니다. 노인은 패배한 것일까요? 거대한 고기를 맨손으로 잡아 올렸고 사람들을 감동시켰던 노인은 패배한 것일까요? 노인은 내일 다시 바다로 나가 큰 물고기를 잡을지도 모릅니다.

《노인과 바다》는 아이들에게 꼭 읽혀야 할 명작인 것 같아요. 승리와 패배에 대한 사고를 깊게 만들기 때문에 뛰어난 소설이라고 할 수 있어요. 청새치까지 이야기하면 복잡해지니까 노인 이야기만 해보죠. 아이에게 이렇게 질문할 수 있습니다.

"노인은 승자일까 패자일까?"

"너무 어려운 질문을 하시네요."

"미안… 엄마 생각엔 노인은 승리한 것 같아."

"물고기 뼈만 건졌는 데도요?"

"그래도 끝까지 포기하지 않았잖아. 포기하지 않으면 패배할 수 없는 거야."

"여전히 어렵지만 조금 알 것도 같아요."

포기하지 않는 걸 목표로 삼으면 승패에 연연하지 않게 됩니다. 일등을 하든지 꼴등을 하든지 포기만 하지 않으면 상관없는 거예요. 그렇게 결과가 아니라 태도를 통제하려고 애쓰는 아이는 승패의 고통이 훨씬 적을 겁니다. 좀 더 편안한 마음으로 이 각박한 세상을 살 수 있을 거예요. 아이가 준비가 되면 《노인과 바다》의 유명 인용구를 들려줘도 좋겠습니다.

"인간은 부서질 수는 있지만 패배하지는 않는다."

인간은 부서지고 무너질 수 있습니다. 많은 사람이 실제로 그런 일을 겪죠. 하지만 한번 쓰러졌다고 패배가 확정되는 건 아닙니다. 부서져서 회복 불능인 것 같아도 다시 일어나는 게 가능합니다. 그럴 때 한 번의 패배는 최종적 패배가 아니며, 패자도 영원한 패자가 아니게 됩니다.

경쟁 밖에서 사는 사람은 많지 않겠죠. 한때 순하고 양보심 많던 저희 아이도 이제 경쟁이라는 질서 속에서 각축전을 벌이고 있습니다. 항상 이길 수는 없을 겁니다. 아이가 패배한 뒤에도 자책하지 않고 자신, 그리고 경쟁자까지 이해하고 보듬으며 다시 일어나면 더 바랄 게 없겠습니다.

희망을 가진 사람은
언제나 행복하다

저희 부부가 아이에게 희망의 가치에 대해 얼마나 알려줬던지 돌아
본 적이 있습니다. 희망이 고통을 지우고, 두려움을 달래고, 암흑 속에
등불을 켜준다고 말한 적은 별로 없었네요. 횟수도 깊이도 불충분했던
것 같아 유감스럽습니다. 희망은 중대한 개념입니다. 책을 읽으면서 전
해 줄 기회가 아주 많았던 주제였으니, 더욱 유감스러운 일입니다.

사람은 희망 없이는 살 수 없습니다. 희망은 인기나 돈보다 더 소중
하다고 볼 수 있어요. 희망을 잃어서 붕괴하듯 무너지는 유명인이나
부자들이 세상에 있지요. 꿈꾸는 일이 이뤄질 거라는 믿음이 없다면,
아이들의 삶은 어두워질 겁니다. 밝은 마음과 자신감, 의욕, 그리고 기
대까지 잃게 될 겁니다.

희망을 품는 게 습관이 되도록 도와주는 부모님을 만났다면 아이는

행운아입니다. 자주 이렇게 말하는 게 좋지 않을까요?

"너 힘이 빠졌구나. 절망한 건 아니니?"

"희망은 이뤄질 거라고 믿어야 이뤄진단다."

"희망은 밥이야. 안 먹으면 쓰러져. 원하는 게 이뤄질 거라고 한번 생각하면 그게 밥 한 숟가락이야. 오늘 희망을 몇 숟가락이나 먹었니?"

희망에 관한 대표적 이야기로는 《마지막 잎새》가 있습니다. 20세기 초 미국 뉴욕 그리니치 빌리지. 구불구불한 골목길 안 3층 벽돌집 다락방은 화가 존시와 수의 작업실이자 거처였습니다. 두 젊은 여성은 화가로 성공하길 꿈꾸며 먼 고향에서 뉴욕까지 왔습니다.

그런데 폐렴이 돌기 시작해 많은 사람들을 희생시켰고 존시마저도 폐렴에 걸렸어요. 존시는 점점 기력을 잃었고 희망마저 잃었습니다. 사람들처럼 자신도 폐렴 때문에 죽을 거라 믿은 것이죠. 진료를 한 의사는 존시가 나아질 희망이 없기 때문에 더 빨리 숨질 수 있다고 걱정했습니다.

침대에 누워 있던 존시는 옆 건물 벽에 붙은 담쟁이 넝쿨을 보게 됩니다. 가을에서 겨울로 접어들면서 잎이 떨어져 갈수록 줄어들었죠. 존시는 그 잎이 다 떨어지면 자신도 죽을 거라고 믿게 됩니다. 사연을 듣고 모두들 안타까워하죠. 건물 1층에 살던 외로운 화가 노인 버만이 특히 걱정을 많이 했습니다.

어느 날 바람이 거세게 불고 큰 비가 내렸습니다. 존시는 죽음을 기다립니다. 이 밤이 지나면 잎들이 다 떨어질 게 분명하고 자신도 죽게 될 거라고 믿었던 거죠. 그런데 아침에 옆 건물 벽에는 잎이 하나 남아 있었습니다. 날이 아무리 차가워져도 그 잎은 그대로 넝쿨에 붙어서 떨어지지 않았어요.

존시는 희망을 되찾습니다. 마지막 잎새처럼 자신도 끝까지 버텨 병마를 이겨낼 수 있다고 낙관하게 된 것이죠. 결국 존시는 나날이 건강이 좋아져서 폐렴이 완치됩니다. 그러나 존시가 건강을 되찾기 시작할 즈음 아래층 화가 버만 노인은 폐렴에 걸려 숨을 거뒀습니다.

그는 비가 쏟아진 다음날 아침 건물 바닥에 쓰러진 채 발견됐습니다. 옆에는 사다리와 물감통과 붓 등이 널려 있었죠. 마지막 잎새는 버만 노인의 마지막 작품이었던 겁니다.

존시는 죽을 뻔 했습니다. 친구들과 의사도 폐렴을 극복하지 못할 것 같다고 걱정했어요. 절망은 존시의 목숨을 앗을 뻔했지만, 희망은 존시를 살렸습니다. 존시가 희망을 품자 생명력이 강해졌고 병마를 이겨낼 수 있었던 것입니다. 아이에게 물어볼 수 있어요.

"만일 살 수 있단 희망이 없었다면 존시는 어떻게 되었을까?"

"생명을 잃었을지도 몰라요."

"희망을 품으면 행복해질 수 있단다. 희망을 버리면 불행해지고."

많은 동화 주인공들도 희망적 태도입니다. 가령 인어 공주는 사랑이 이루어질 거란 희망을 한순간도 포기하지 않았습니다. 그런 희망이 없었다면 목소리를 내놓고 생명까지 건 모험을 택할 수 없었겠죠.

로빈슨 크루소는 28년 동안 무인도에 살면서도 고향으로 돌아갈 수 있다는 희망을 버리지 않았었죠. 피노키오를 만든 제페토 할아버지도 언젠가는 피노키오가 착하고 바른 아이가 될 거라는 희망을 포기하지 않았습니다. 아이에게 이렇게 물어볼 수 있습니다.

"제페토 할아버지가 희망을 갖지 않았다면 피노키오는 어떻게 됐을까? 진짜 사람이 되기는 어렵지 않았을까?"

거의 모든 동화 주인공들은 희망의 등불을 켜고 암흑 속을 걸어갑니다. 고난을 이겨내고 행복을 찾게 만든 것은 바로 희망입니다. 인생에서도 마찬가지겠죠. 희망이 있는 한 행복할 수 있습니다. 희망이 사라지면 어둡고 괴롭습니다. 어떤 상황에서도 밝은 희망을 찾아내는 감각이 모든 아이들에게 생기면 좋겠습니다.

너는 완전하지 않아도
얼마든지 행복할 자격이 있다

열한 살짜리 초등학생이 있다고 가정해 보죠. 이 아이는 노래는 잘 부르는데 수학은 어려워합니다. 수학 점수가 낮은 자신을 부끄러워해야 할까요? 아니면 그것도 내 모습이라고 받아들이고, 수학 때문에 힘들어하는 자신을 가엾게 여기고 사랑하는 게 옳을까요?

부끄러워하지 않고 사랑해야 맞습니다. 자기 단점을 수치스러워하기 시작하면 자기 존재가 부끄러워지고 그 결과 불행감에 휩싸여 귀중한 삶을 소진하게 됩니다. 수학 점수를 포기하자는 것은 아닙니다. 점수가 낮으면 열심히 공부해야죠. 그래도 수학을 잘하거나 못하거나 자신을 사랑하는 마음은 변함없어야 한다는 겁니다.

자기 수용이라는 유명한 심리학 개념이 있잖아요. 자신을 있는 그대로 받아들이라는 거죠. 자신의 장점과 단점, 성과와 실패, 자랑과 잘

못 등 모든 걸 있는 그대로 인정하고 받아들이라는 겁니다. 그래야 자신과 하나가 되고 행복해진다고 수많은 심리학자가 입을 모아 주장 하더군요. 그러니까 친구들 앞에서 이렇게 선언하는 아이가 자기 수용의 본보기입니다.

"나는 음치야. 부끄러울 때도 있지만, 그게 내 모습이야. 나는 음치인 나를 사랑해. 노래 연습은 남몰래 많이많이 할 거다."

"나는 수학을 잘 못해. 사실이야. 인정한다. 숨길 생각은 없어. 이게 내 모습인데 뭘. 그리고 다음 달에는 수학 공부를 아주 열심히 해볼 거야. 지켜봐 줘."

우리 아이들을 행복하게 하려면 자기 수용을 권해야 합니다.

"단점 있는 너의 모습까지 사랑해야 옳아. 실수를 했어도 너를 미워해서는 안 돼."

이 말을 들은 아이는 감동하지 않을까요? 인자하고 현명한 부모에게서 태어난 걸 진심으로 감사하게 될 것입니다. 그렇죠. 단점과 자신을 분리해야 하는 겁니다. 단점이 있다고 내가 부끄러운 사람인 건 아닙니다. 단점은 얼굴이나 팔뚝에 있는 검은 점밖에는 안 됩니다.

누구도 나의 존재를 규정할 수는 없어요. 그러니까 이렇게 말해줘야 현명한 부모입니다. "단점은 너를 규정하지 못한다. 단점은 너의 작고 작은 일부일 뿐이야. 이를테면 눈곱 같은 것이지." 저희 부모는 그런 말을 아이에게 해준 적이 없는 것 같아요. 현명하지 못한 부모였던 겁니다.

단점과 관련해서 중요한 또 다른 사실이 있습니다. 단점이 있어도 누구나 행복해질 수 있다는 겁니다. 사람들은 예외 없이 단점이나 결점을 가지고 있지만, 노력 끝에 부나 지위를 얻거나 선한 행동을 함으로써 행복해집니다. 그 사실을 아이에게 설득하려면, 아이들이 모를 수 없는 유명 동화 주인공들의 단점을 함께 분석해 봐도 좋겠습니다. 유명 동화 주인공들도 전부 단점을 갖고 있잖아요.

- **백설 공주** – 너무 잘 속는다. 순수하다고 평가할 수 있지만 주의가 부족하다고 말할 수도 있다.
- **잭** – 귀중한 소를 콩 몇 알과 바꾼 잭은 충동적이고 생각이 짧다.
- **미운 아기 오리** – 자존감이 낮다. 외모를 놀리는 동물들에게 항의도 못하니까 용기도 부족하다.
- **신데렐라** – 수동적이다. 부당한 대우를 받아들이기만 한다. 적극적으로 자기 삶을 개척하지 못한다.

단점이 없는 동화 주인공이 없습니다. 하지만 다 행복해졌습니다. 동화니까 그런 것은 아닐 테고 현실에서도 마찬가지일 것입니다. 아무리 성공적인 사람도 단점이 있습니다. 갑부도 사회 명사도 셀럽도 모두 단점이 있게 마련이에요. 눈곱이나 큰 반점 같은 단점을 수십 개씩은 다 갖고 있을 겁니다. 그러니까 단점이 없어야 성공하는 게 아닙니다. 단점이 있어도 성공할 수 있는 것이죠. 그걸 아이들에게 알려주면 좋을 것 같아요.

그럼 단점을 방치해야 하냐고요? 물론 아닙니다. 하지만 단점을 반드시 고쳐야 한다고 가르치는 건 옳지 않은 것 같아요. 저희 부부도 아이에게 수없이 말했습니다. "네 단점은 고쳐야 한다"고 말이죠. 대신 조급해하지 말고 천천히 고치면 된다고 말하는 게 나을 겁니다.

세월이 지나서 생각해 보니 사람의 단점이 무슨 영화에서처럼 극적으로 교정되는 경우는 거의 없는 것 같아요. 단점도 장점과 함께 사람 인성의 일부여서 평생 함께한다고 봐야 하지 않을까요? 예민한 아이는 평생 예민하고, 겁이 많은 아이는 나이 들어서도 겁이 많은 어른으로 사는 것이죠. 다만 자신의 단점을 이해하고 고치려고 노력한 끝에 조금이라도 성과를 거둔다면 그것만으로도 큰 보람일 겁니다.

단점도 나의 소중한 일부입니다. 사실 눈곱도 이물질을 배출해서 안구를 보호하는 고마운 역할을 하잖아요. 나를 사랑한다는 건 나의 단점까지 포용한다는 뜻이겠죠. 아이에게 이렇게 말해 주면 좋겠습니다.

"누구나 단점이 있다. 단점이 있다고 너 자신을 미워하지 마라. 부끄러워할 것도 없어. 더 나은 사람이 되려고 노력만 하면 되는 거야."

아이는 복잡한 유기체입니다. 로봇이 아니기 때문에 문제 있는 부품을 빼고 성능을 높이는 부품을 갈아 끼워 넣을 수 없죠. 아이는 단점을 품고도 얼마든지 훌륭하고 행복한 사람이 될 수 있습니다. 그러니까 단점을 부끄러워도 말고 겁내지도 말고 동시에 방치하지도 않게 돕는 것이 부모의 고난도 역할인 것 같아요.

남과 슬픔을 나눌 때
우리는 좋은 사람이 된다

일 년의 마지막 날이었습니다. 눈이 내리고 차가운 바람이 부는 와중에도 도시 사람들은 행복했어요. 집집마다 밝은 불이 켜져 있었고 골목마다 거위 굽는 냄새가 가득했죠. 그런데 한 소녀가 홀로 추운 길을 걷고 있었습니다. 옷은 추위를 막기에 변변치 않았고 신발도 잃어버려 맨발이었습니다.

소녀는 성냥을 팔기 위해 도시 구석구석을 걸었지만 성냥을 사주는 사람은 없었습니다. 배고프고 지친 소녀는 결국 길가에 쪼그려 앉아서는 성냥에 불을 붙이면서 맛있는 음식과 즐거운 파티를 상상합니다. 또 하늘나라에 계신 할머니 모습도 성냥 불빛 속에서 그려봤죠. 새해 아침, 소녀는 숨진 채로 발견됐고 곁에는 타고 남은 성냥개비가 널려 있었습니다.

아이 어른 할 것 없이 거의 모두 아는 〈성냥팔이 소녀〉 이야기입니다. 이 가슴 미어지는 동화를 읽은 후 저희 부부가 아이에게 질문하지 못한 게 있습니다. "안데르센은 이런 슬픈 이야기를 왜 썼을까? 무슨 말을 하고 싶었던 걸까?"

이 질문은 작가의 의도를 분석해 보라는 제안입니다. 아이를 작가를 우러러보는 독자에서, 작가와 동등한 입장으로, 위상을 올리는 물음인 것이죠. 이런 식으로 몇 번 묻고 답하고 나면 아이가 알게 됩니다. 책, 영화, 음악을 만든 창작자의 권위에 주눅들 필요 없이, 당당하게 질문해도 되며 그런 질문이 더 재미있다는 것을요. 그런데 아이를 기르는 동안에는 그런 중요한 질문을 못했어요. 안타깝지 않을 수 없죠.

동등한 지위에서 창작자를 평가해본 아이는 이를테면 아래처럼 주장하는 걸 즐길 겁니다.

"이 가수는 왜 이 노래를 불렀을까요? 팬들을 위로하고 싶었던 게 분명해요."

"이 동화를 쓴 작가의 생각에 동의하기 어렵네요. 왜냐면 ~"

이제는 적극적 비평 태도만큼이나 중요한 주제로 넘어가 보겠습니다. 바로 슬픔입니다. 왜 동화 작가들은 슬픈 이야기를 그렇게 많이 남겼을까요? 그들은 무엇을 말하고 싶었고, 슬픈 이야기에서 우리 아이들은 뭘 얻을 수 있을까요? 그런 이야기를 아이들에게 들려주면 비평

적 태도를 가르칠 수 있을 뿐더러, 인간에게 꼭 필요한 감정인 슬픔을 이해하게 도와줄 수 있어서인 것 같습니다.

처음의 질문으로 돌아가 볼까요? 안데르센은 왜 〈성냥팔이 소녀〉와 같은 슬픈 동화를 썼을까요? 안데르센은 아마 슬픔을 알아야 마음이 건강해진다고 생각했을 겁니다.

유명한 격언이 있습니다. '매일같이 화창한 곳은 사막이 된다. 자주 흐리고 비도 와야 동식물이 살 수 있는 생명의 땅이 된다.' 사람 마음도 비슷한 것 같아요. 언제나 밝게 웃기만 하면 마음이 파라다이스가 아니라 오히려 사막화되는 것이죠. 슬픔 결핍이 해로운 이유는 세 가지 정도 됩니다.

첫 번째로 슬픔을 모르는 아이는 남의 슬픔을 이해할 수 없어요. 연민과 공감 능력을 기르지 못하는 겁니다. 그런 아이가 친구들과 깊이 사귈 수 있을까요? 연민 없이 세상을 사랑하는 건강한 사람으로 자라는 게 가능할까요? 슬픔이 온전한 사람을 만듭니다. 좋은 사람은 슬픔 속에서 태어납니다. 그러니 〈성냥팔이 소녀〉 같이 슬픈 이야기를 읽게 해야 하는 것입니다.

두 번째로 슬픔을 모르면 삶의 진실도 모릅니다. 삶은 유한합니다. 할아버지도 강아지도 예쁜 꽃도 모두 결국에는 사라지게 됩니다. 그래서 삶은 슬플 수밖에 없죠. 기쁨의 웃음뿐 아니라 슬픔의 눈물이 삶에

흥건합니다. 슬퍼봐야 그런 삶의 진실을 마음으로 이해합니다. 반대로 항상 웃기만 하는 아이가 혹여 존재한다면 그 아이는 세상에는 테마공원의 공연자들처럼 웃는 사람들만 가득하단 착각에 빠질 겁니다. 슬픔이 아이들을 현명하게 만듭니다.

세 번째로 슬픔을 모르면 아이가 약해집니다. 작은 타격에도 쉽게 휘청거리고 큰 아픔을 느끼게 됩니다. 반면 슬픔을 겪은 아이는 굳건해집니다. 피할 수 없는 슬픔을 흔쾌히 받아들인 후 언제 그랬냐는 듯이 금방 회복될 수 있습니다.

그러니까 〈성냥팔이 소녀〉 때문에 슬픈 아이는 절망감이나 공포감 없이 슬픔을 받아들이는 성숙한 사람이 되기 시작한 것입니다. 슬퍼하는 아이에게 슬퍼하지 말라는 말 대신에 이런 말을 하면 어떨까요?

"슬퍼해라. 마음껏 슬퍼해도 괜찮다. 슬픔은 아름다운 감정이다."

성냥팔이 소녀를 쓴 안데르센도 슬픔이 산소처럼 인간에게 필수적이라는 걸 알고 있었을 겁니다. 그러니 아이가 슬픈 이야기를 충분히 읽게 하는 게 좋겠습니다. 자신의 몸을 희생해서 가난한 사람을 도운 〈행복한 왕자〉 이야기도 무척 슬프죠. 또 굶주리는 족제비 새끼를 위해 닭이 스스로를 희생하는 〈마당을 나온 암탉〉 스토리도 여운이 긴 슬픔을 줍니다.

빨간 구두를 너무 좋아한 죄로 양 발을 잃어버린 소녀의 이야기인 〈빨간 구두〉도 눈물겹습니다. 사실 〈인어 공주〉도 원작은 슬픔 이야기였습니다. 신령한 힘에 의해서 정신적 구원을 받기는 하지만 어쨌든 인어 공주는 왕자와 결혼하지 못하고 물거품이 되고 말거든요.

아이가 슬퍼하는 걸 보면 부모 마음은 미어집니다. 저만 그랬을 리 없죠. 좌절하거나 실망해서 눈물 흘리는 아이를 위해 부모가 대신 고통을 받고 싶어지죠. 하지만 슬픔은 유익한 감정입니다. 슬퍼할 기회를 아이에게서 빼앗으면 안 되죠. 아이들은 슬픔을 통해서 타인을 연민할 수 있고, 자기 삶에 대한 이해도 얻습니다. 슬퍼하는 아이 앞에서 함께 슬퍼해 주기만 해도 충분한 부모 역할이 아닐까 싶어요.

지나치거나
모자란 것은 좋지 않다

아이에게 해주지 않아서 아쉬운 말이 많은데, 그중에서 중용의 미덕을 빼놓을 수 없습니다. 무려 아리스토텔레스와 공자도 강조했다는 중용의 뜻은 일반인에게도 쉽습니다. 지나치지 않으면서도 모자라지 않는 상태입니다. 양극단을 피하고 적정 수준으로 행동하고 사고하는 마음이 중용입니다. 아실 겁니다. 극단만 경계해도 삶이 훨씬 평안해진다는 걸 말이죠.

이 중요한 삶의 지혜를 어릴 때부터 가르칠 수 있었는데 그러지 못했습니다. 설득력이 높은 예시 거리도 많은데요. 먼저 골디락스 이야기가 있습니다. 이 소녀는 중용의 완전한 모범을 보여 줍니다.

곰 세 마리가 만들어 놓은 수프를 먹을 때 골디락스는 꼼꼼히 골랐습니다. 아빠 곰 수프는 너무 뜨거워서 불합격이었고 엄마 곰 수프는 너무 차가워서 탈락이었죠. 골디락스는 적절한 온도였던 아기 곰 수프를 선택해서 후루룩 맛있게 먹었습니다. 지나치지 않고 적당한 것을 고르는 중용의 미덕을 보였던 것이죠. 의자를 고를 때도 그랬어요. 너무 딱딱하거나 지나치게 폭신한 의자는 피하고 부드러운 의자를 골라 앉았죠. 양극단이 아니라 중간치를 선택한 골디락스의 태도는 중용의 표본입니다.

또 다른 예로 토끼와 경주를 했던 거북이가 있습니다. 토끼처럼 빠른 상대와 겨루게 된 거북이의 마음은 어땠을까요? 세 가지 중 하나였을 거예요. 자신감을 상실했거나, 적당한 자신감을 가졌거나, 자신감이 지나쳤거나.

상대가 너무 강하면 대개 자신감을 잃게 되죠. 또 자신의 능력을 과대평가해서 지나친 자신감을 품을 수도 있죠. 거북이는 둘 다 아니었습니다. 양극단 사이였어요. 제로도 아니고 무한대도 아닌, 적당한 자신감을 갖고 성실하게 경주했던 것입니다. 그 결과 자신감이 과도했던 토끼를 이길 수 있었죠.

거북이도 중용의 모범을 보였습니다. 무력감도 오만함도 아닌 적당한 자신감을 갖는 게 얼마나 중요한지 거북이의 승리를 보면 알 수 있습니다.

한편 중용을 지키지 못해서 크게 후회한 동화 주인공도 있습니다. 대표적인 인물은 '어부의 아내'죠. 물고기가 생명의 은인인 어부에게 소원을 들어주겠다고 했었죠. 어부의 아내는 남편을 조종해 온갖 요구를 합니다. 처음에는 부자로 만들어달라고 했다가 부자가 된 후에는 왕이 되기를 원한다고 했어요. 물고기는 그 소원을 다 들어줬습니다.

그런데 어부 아내의 욕심은 끝없이 커져서 교황을 넘어서 신처럼 만들어달라고 요구하기에 이르죠. 그러자 물고기는 어부 부부의 성을 원래의 작고 쓰러져가는 오두막으로 바꿔버립니다. 어부와 아내는 중간에서 멈췄어야 했습니다. 극빈과 극단적 부유함 그 사이 어딘가에 멈췄다면 편안하게 잘 살았을 겁니다. 어부 부부에게는 중용의 미덕이 필요했습니다.

진정한 용기는 비겁함과 무모함 사이에 있습니다. 자신감은 두려움과 오만함 사이에 있습니다. 성실함은 나태와 일 중독의 사이에 있고요. 너무 뜨겁거나 차가운 것 사이에 따뜻함이, 극심한 가난과 세계 최고의 부 사이에 적절한 부가 있습니다.

분노는 어떨까요? 부당한 일을 당했는데도 침묵하는 건 문제입니다. 그렇다고 폭발적으로 분노를 표현하는 것도 옳지 않죠. 정당한 항의가 가장 이상적입니다. 한마디로 적절한 것이 가장 좋습니다. 자신감도 적절한 수준이어야 하고, 재산이나 미모 욕심도 적당해야 합니다. 언제나 모자라거나 지나친 것보다는 적절한 게 최선입니다. 극단을 피하는 중용의 미덕이 우리 아이에게 치우침 없고 균형 잡힌 삶을 선물할 겁니다.

세상이 너를 속이더라도
노여워하지 마라

'삶이 그대를 속일지라도 슬퍼하거나 노여워하지 말라.' 러시아 시인 푸시킨의 유명한 시구입니다. 세상이 나를 속일 수 있다는 것, 그렇더라도 분노하거나 비뚤어지지 말라는 것을 아이에게 가르치면 어떨까요? 저희 부부가 아이에게 알려줬다면 좋았을 중요한 교훈입니다.

그런데 이 교훈을 주입식으로 가르치면 아무 효과가 없을 겁니다. 매개가 필요할 텐데요. 저는 〈피리 부는 사나이〉가 탁월하다고 판단됩니다.

먼 옛날 독일 하멜른에 쥐떼가 들끓어서 고양이들마저 쫓기고 사람들도 도저히 살 수 없는 지경이 되었습니다. 마을 사람들은 쥐떼만 몰아내면 큰돈을 주겠다는 약속을 내걸었는데, 마침 하늘이 내린 것처럼 적임자가 나타났습니다. 피리 부는 사나이가 나타나 피리 소리로 그

많은 쥐들을 강물로 유인해 빠뜨린 것입니다. 마을 사람들은 환호했죠.

그런데 막상 쥐가 퇴치되니 사례금 주기가 아까워져서 배신을 합니다. 돈만 안 준 게 아니라 경비병을 시켜서 피리 부는 사나이를 쫓아냈죠. 이에 피리 부는 사나이의 충격적인 복수가 시작됩니다. 피리 소리로 마을 아이들 수백 명을 홀려 산으로 이끌고 사라져버렸던 겁니다. 마을 사람들은 눈물을 흘리며 후회했지만 이미 때는 늦었습니다.

모두가 아는 〈피리 부는 사나이〉의 줄거리입니다. 그림 형제의 이 동화는 완전한 허구는 아니라고 합니다. 하멜른의 한 교회 스테인드글라스에 13세기 초반, 백여 명의 아이가 동시에 사라졌다는 글귀와 함께 피리 부는 남자의 모습이 그려져 있다고 해요. 그러니까 〈피리 부는 사나이〉는 실화에 바탕을 둔 이야기일지도 모르는 것입니다. 아이에게 이렇게 물어볼 수 있습니다.

"이 이야기를 읽고 뭘 느꼈니?"

"약속을 지켜야 한다는 걸 배웠어요."

"약속을 어긴 마을 사람들이 잘못했다고 생각하는구나."

"예. 그래요."

보통은 위와 같이 독후 대화를 합니다. 틀리지 않았죠. 하지만 교과서적이라 신선하지 않은 느낌이 드는 걸 어쩔 수 없어요. 좀 더 싱싱한 대화도 가능합니다. 가령 "피리 부는 사나이는 잘못이 없니?"라고 질문할 수 있겠죠.

아마 아이들이 어렵지 않게 답을 찾아낼 겁니다. 피리 부는 사나이의 잘못은 분명합니다. 아이들을 납치한 것은 정당화될 수 없죠. 아무리 부당한 대우를 받았어도 불법적이거나 부도덕한 대응은 하지 말아야 합니다. 상대가 나빠진다고 나 또한 나빠져서는 안 되는 거죠.

시점을 바꿔도 재미있는 대화가 이어집니다. 아이에게 이렇게 물어 보면 어떨까요?

"고양이의 시점을 상상할 수 있겠니? 사건을 지켜본 고양이는 무슨 생각을 했을까?"

고양이들은 쥐의 수가 늘어나고 갈수록 흉포해져서 무서웠을 겁니다. 피리 부는 사나이가 그 지겨운 쥐를 섬멸해 줬으니 얼마나 좋았을까요? 그런데 사람들 행동이 이상합니다. 한쪽은 약속을 지키지 않았고 다른 한쪽은 아이들을 납치했어요. 고양이들과 친하게 지내던 아이들이 다 사라져버렸어요. 고양이들은 쓸쓸해졌을 겁니다. 그리고 인간은 이해할 수 없는 동물이라는 결론을 새삼 내리게 되었겠죠.

납치된 하멜른의 아이들 시점에서는 어땠을까요? 아이들은 자기도 모르게 피리 소리를 따라 산으로 올라가야 했습니다. 머리는 집으로 돌아가고 싶었지만 발길은 최면에 걸린 듯이 사나이를 따랐겠지요. 어디로 갈지도 몰랐습니다. 얼마나 무서웠을지 충분히 상상이 됩니다.

그렇게 "하멜른 아이들의 시점에서 생각해 보자"고 하면 우리 아이들은 이야기를 재해석하는 싱싱한 경험을 하게 될 것입니다.

살면서 누구나 부당한 대우를 받게 됩니다. 세상이 나를 속일 때도 있어요. 아이들도 학교에서 비슷한 일을 겪게 됩니다. 그러면 화가 치밀어 오르겠죠. 하지만 화가 난다고 분노를 폭발시켜서는 안 됩니다. 부도덕하거나 불법적인 행동으로 앙갚음을 해서는 더욱 안 되죠. 그 중요한 교훈을 〈피리 부는 사나이〉가 알려 줍니다.

아이들에게 말해주면 좋겠습니다. "나쁜 사람 때문에 너도 나쁜 사람이 되어서는 안 된다"고요. 아이가 어릴 때 이런 말을 해줘야 뇌리에 깊이 새겨질 것 같습니다.

CHAPTER 4

헤아려봐야 했습니다, 아이의 두려움을

모든 사람에게는
자신의 속도가 있다

어릴 적 저희 아이는 마음이 급한 편이었습니다. 무엇이든 빨리 해내야 편안했죠. 그래서 밥 먹는 속도도 빠르고, 숙제도 빨리 해치우려고 했습니다. 저희 부부는 대체로 놔뒀습니다. 식사 속도는 늦추려 애썼지만 마음 급하게 공부하고 할 일 하려는 태도는 방치했습니다. 그래야 효율성과 성취도가 높을 거라고 무의식적으로 생각했던 것 같아요. 저희 부부도 속도 강박에 사로 잡혀 있었던 것입니다.

속도 강박은 우리 사회의 집단 유전 정보라고 할 수 있겠습니다. 뭐든 빨라야 한다는 생각이 조부모에게서 손주 세대까지 면면히 이어지고 있으니까요. 아이들로서는 힘듭니다. 공부도 숙제도 행동도 빨라야하니 여간 스트레스가 아닐 겁니다. 고단한 것만 문제가 아니죠. 뒤쳐지는 아이는 자존감에 상처를 받습니다. 자신이 부족하거나 무능한 것 같아서 괴로워집니다.

지금 생각해 보면 그런 속도 강박이 치유되어야, 아이의 정신이 건강해지고 학업 성취도도 높아졌을 것 같습니다. 서둘러서 잘되는 경우는 잘 없으니까요. 속도 숭배 문화에서 힘겨워 하는 아이에게 뭐라고 말해줘야 할까요?

아이는 물론 어른도 새겨야 할 중요한 사실은 '모든 사람에게는 저마다의 속도가 있다'는 사실입니다. 공부든 행동이든 어릴 때는 느리다가 청소년기에 아주 빨라질 수 있습니다. 또 아이들마다 분야별 속도가 다릅니다. 어떤 아이는 수학을 빨리 공부할 수 있고, 다른 아이는 문학을 빨리 흡수할 수도 있는 것이죠. 그러니 이렇게 말해주면 될 겁니다. "사람마다 자신의 속도가 있단다."

아이는 궁금해질 겁니다. 나는 무엇에는 빠르고 무엇은 느린지 생각하게 되겠죠. 그런 자기 분석을 통해 아이는 자기 성찰 능력을 갖게 됩니다. 자신에 대해서 잘 아는 훌륭한 아이가 될 수 있는 것입니다.

속력 압박에 시달리는 아이에게 이렇게도 말할 수 있습니다. "아무리 느리더라도 멈추지만 않으면 된다." 자기 속도에 맞춰 천천히 나아가되, 멈추지만 않으면 그게 최고입니다. 그 과정에서 점점 성장하고 그 결과 성취를 이룰 수 있습니다.

그렇다고 속도가 전혀 중요하지 않다는 건 아닙니다. 속도가 적어도 2등의 가치는 된다고 알려주는 게 좋을 것 같아요. 가령 꾸물거리는 아이에게는 이렇게 말하면 됩니다. "천천히 서둘러라." 차분하게 속도를 내라는 뜻입니다. 첫 번째로 중요한 건 차분함이고, 두 번째는 속도라는 의미인 것입니다.

또 너무 서두르거나 부주의하게 글을 읽는 아이에게도 해줄 말이 있습니다. "첫 번째로 중요한 것은 정확히 읽는 것이고, 두 번째는 읽는 속도이다." 정확히 읽다 보면 결국 읽는 속도가 빨라질 게 분명합니다.

속도 스트레스가 괴로운 아이들을 위한 동화가 있습니다. 모두 짐작하시겠지만 바로 토끼를 이긴 거북이 이야기죠. 거북이는 느리지만 포기하지 않았고, 천천히 기어서 재빠른 토끼를 이겼습니다. 숲속 동물들은 거북이를 향해 진심어린 박수를 보냈고, 스피드보다 끈기가 더 중요하다는 걸 배우게 됩니다.

그런데 만일 거북이가 승리하지 못했다면 어땠을까요? 최선을 다해 배가 다 긁히는 걸 참고 기어갔지만 웬걸 토끼가 낮잠에 빠지지 않고 달리는 바람에 졌다고 가정해 보세요. 그러면 거북이의 느림은 부끄럽고 무가치한 것이 되었을까요? 그렇지 않습니다. 느림은 그 자체로 아름답습니다.

'느림의 아름다움'은 저희 부부가 아이를 기르는 동안에는 깊이 생각하지 못한 개념인데, 두 가지 측면에서 이야기할 수 있을 것 같아요.

첫 번째로 왜 느림 자체가 아름다운가. 그건 삶을 깊이 음미할 수 있기 때문입니다. 빠르게 달리듯이 살면서 성취하고 발전하는 사람이 있겠죠. 반면 어떤 사람은 숲속을 산책하듯이 천천히 살면서 매 순간을 음미할 수도 있어요. 빠른 성취의 삶도 가치 있지만, 느린 음미의 삶도 아름다워요. 느리기 때문에 삶의 아름다움을 더 많이 보고 더 깊이 가슴에 담을 수도 있기 때문이죠.

사람을 사귈 때도 좀 느려도 괜찮아요. 낯가리지 않고 많은 이들과 빠르게 친해지는 사람이 있지만, 반면 천천히 친해져서 소수의 친구와 깊어지는 사람도 있죠. 느린 사귐은 서로의 이해가 깊고 관계가 오래 지속되기 때문에, 아름답다고 할 수 있을 것 같네요.

느림이 아름다운 두 번째 이유는 배움의 측면에서 찾을 수 있어요. 누구보다 이해가 빠르고 기억도 잘하는 아이들이 있죠. 하지만 천천히 더 깊이 생각하는 아이도 있습니다. 책 내용의 문제점을 파악하고 비판적으로 평가하기도 합니다. 느리지만 깊게 배우고 깨우치는 아이들은 창의적인 화가나 작곡가, 그리고 책을 몇 년 동안 쓰는 소설가의 새싹일 것 같습니다.

물론 빠른 정확성, 빠른 추진력도 박수를 받아야 하죠. 그와 똑같이 느린 것도 아름다울 수 있습니다. 느림도 고유의 장점과 매력을 갖고 있어요. 생각해 보니, 애니메이션에도 느리기 때문에 생각이 깊고 매력적인 캐릭터가 있네요. 〈겨울 왕국〉의 울라프가 그렇습니다.

작은 눈사람 울라프는 다리도 짧아서 느립니다. 하지만 서두르지 않고 차분해요. 어려움에 빠진 친구들을 위로하고 조언하는 능력도 있죠. 게다가 지식도 아주 많아요. 그런 장점은 느리기 때문에 생겨난 게 아닐까요? 또 있네요. 말과 마음이 느린 곰돌이 푸도 느리기 때문에 귀엽고 포근하고 사랑스럽습니다.

그렇다고 느려야만 한다는 것은 아닙니다. 속도와 느림 중에서 어느 하나가 꼭 우월하다고 할 수는 없어요. 다만 아이에 따라 속도가 다 다르고, 설사 느린 아이에게도 특유의 장점이 있다는 건 기억하고, 자주 아이에게 말해주면 좋겠다는 거예요. 그런 사실을 알려주면 속도 경쟁에 지친 아이들이 자부심과 안심을 얻을 게 분명합니다.

너는 어떤 사람이니?
너 자신을 알아라

수많은 철학자가 말합니다. 자기 자신을 알아야 한다고. 그런데 저희 부부는 아이에게 그런 조언을 한 적이 전무했던 것 같아요. 가장 주된 이유는 자기 이해의 가치를 몰랐기 때문입니다. 자신을 알아야 하는지 선명히 몰랐으니, 조언할 수 없었던 거죠.

왜 자신을 알아야 할까요? 육아 은퇴 후에야 곰곰 생각해 봤는데요. 여러 이유가 있을 테지만 가장 중요한 것은 행복하기 때문입니다. 자신을 알아야 행복해진다는 거죠. 가령 자신이 뭘 좋아하는지 알아야 자신을 즐겁게 할 수 있어요. 자신의 두려움을 깨달은 후에는 그걸 피하거나 극복하는 길을 찾아줄 수 있죠. 그리고 자신의 장단점에 대해 분명히 파악한 후에 더 크게 성장할 수 있습니다.

이렇게 나를 알면 나에게 기쁘고 좋은 일이 많이 생깁니다. 자기를 아는 게 행복의 조건인 것이죠. 거의 모든 동화 주인공들도 자신을 새롭게 알아가는 여정을 걷습니다. 달리 말해서 동화는 주인공의 자기 발견 여행기입니다.

가장 대표적인 캐릭터가 미운 아기 오리입니다. 구박과 차별과 학대를 당하던 미운 아기 오리는 어느 날, 자신이 못생긴 오리가 아니라 우아한 백조라는 사실을 깨닫게 되죠. 그 후로 자신을 미워하지 않습니다. 아마 누가 놀려도 마음이 조금도 흔들리지 않게 되었을 겁니다. 자신을 발견한 오리는 행복한 백조가 됐습니다.

콩 나무를 타고 하늘로 올라간 잭도 자신의 새로운 면모를 알게 됩니다. 원래 가난한 집의 철부지 아들이었을 뿐이죠. 소 한 마리를 콩 몇 알과 흔쾌히 바꿀 정도로 참 어수룩했던 것도 도드라진 특징이고요. 그런데 모험을 거듭하면서 자신이 얼마나 영리하고 용감한지 깨달았을 겁니다. 또 자신이 작은 아이가 아니라 어머니를 보호할 수 있고, 거대한 거인과 맞설 수도 있는 큰사람이라는 인식도 생겼을 겁니다. 마법의 콩이 잭에게 마법을 일으켰습니다.

신데렐라 역시 달라졌습니다. 매일 정신적, 육체적 학대를 당하며 자존감이 무너질 위기를 맞았던 신데렐라는 끝내 자신이 사랑받을 자격이 있는 사람이며, 자신의 사랑이 누군가를 한없이 기쁘게 만들 힘이 있다는 걸 깨달았을 겁니다. 그렇게 깨달은 날부터 영원히 자신을 사랑할 수밖에 없었겠죠. 얼마나 행복했을까요?

우리 아이들에게도 응원을 해줘야겠습니다.

"너 자신을 알아야 한다."
"자기 자신을 알아야 자신을 사랑하면서 행복하게 살 수 있단다."

아이는 감격스러운 표정을 지을지도 모릅니다. 엄마 아빠의 신비로운 조언을 영원히 잊지 못할 거고요. 그런데 말입니다. 그렇게 조언을 하면 정말 끝인가요? 아닙니다. 거기가 끝일 수는 없습니다. 자신을 알도록 아이를 더 도와야 할 겁니다. 육아 은퇴 후, 남는 시간에 공부를 해보니 자신을 알게 하는 질문들은 이런 것들이더군요.

관계

- 너에게 가장 소중한 사람과 껄끄러운 사람은 누구야?
- 친구의 어떤 성격이 좋아?

애착

- 절대 버리기 싫은 물건은 뭐니?
- 가장 좋아한 책, 장난감, 어플은 뭐야?

자기평가

- 너는 행복한 사람이니? 아니면 불행해?
- 너는 너의 어떤 점이 가장 좋아?

더 좋은 질문이 많이 있겠지만, 위 질문들도 아이에게 자기 이해에 필요한 거울 역할을 할 것 같아요. '나는 누구이고 어떤 존재인지' 질문하고 나름의 답을 얻는 건 평생 과제입니다. 이 문제만큼은 일찌감치 조기 교육을 해도 나쁠 게 없겠죠. 자기 이해 교육 기회를 충분히 살리지 못한 저희 부부는 그렇게 믿게 되었습니다.

너의 시간을 쏟을수록
장미꽃은 소중해진다

아이를 기르던 시절 저희 부부는 양육에 급급했을 뿐 철학적인 교육을 할 여력도 능력도 부족했던 것 같습니다. 소중함에 대해 가르치지 못한 것도 아쉬워요. 더욱 아쉬운 사실은 소중함이 주제인 동화를 같이 읽으면서도 그 사실을 인지하지 못했다는 점입니다.

〈어린 왕자〉 이야기를 해보겠습니다. 어린 왕자의 별 B612에는 장미 한 송이가 심어져 있었습니다. 새침한 장미는 때때로 이런저런 요구를 하고 투정까지 부렸지만 어린 왕자는 정성을 다했습니다. 장미꽃이 배고프다고 할 때마다 어김없이 물을 줬고 바람 때문에 춥다고 하면 바람막이를 세우고 유리 덮개를 씌워 줬습니다.

또 벌레를 잡아 주는 것도 잊지 않았죠. 그렇게 수발을 드는 게 아마 즐거울 수만은 없었을 겁니다. 성가시고 귀찮았을 겁니다. 그러다 어린 왕자는 장미를 남겨 두고 지구 여행을 왔는데, 어느 정원에서 깜짝 놀랐습니다. 장미꽃 수천 송이가 피어 있는 것을 봤던 겁니다. 작은 정원에 핀 수천 송이 장미들은 색깔도 다양했습니다.

그런데 이상한 게 있었어요. 어느 장미도 사랑스럽지 않았던 겁니다. 어린 왕자는 깨달았어요. 작은 별에 있는 그 새침하고 까탈스러운 장미를 자신이 사랑한다는 사실을요. 그 사실을 지구에 와서야 알게 된 것이죠. 지구에 핀 수천 송이 장미꽃도 아름답지만, 자기 별의 장미만큼 아름답거나 소중하지 않았습니다. 왜 그랬을까요?

그것은 어린왕자 자신이 온 정성을 다해서 가꿨기 때문이죠. 물을 주고 바람을 막아줬죠. 또 장미를 괴롭히는 벌레도 나비가 먹을 한두 마리만 남기고 전부 잡아 줬어요. 그렇게 시간과 정성을 쏟았기 때문에 장미가 자신에게 중요해진 것입니다.

소설 〈어린 왕자〉를 보면 곁에 있던 여우가 어린 왕자에게 이렇게 말합니다.

"네 장미를 그렇게 소중하게 만든 건 네가 장미에게 쓴 시간들이야."

장미에게 긴 시간을 바쳤기 때문에 장미가 소중하다는 의미입니다. 뭐든 시간을 쏟아야 더 소중해집니다. 이건 아주 단순하지만 심오한 진리입니다. 아이들의 마음에도 울림을 줄 수 있는 사실이죠. 내 시간을 바친 것이 소중해집니다. 사실 아이들도 이미 알고 있어요. 아이에게 이렇게 물어보면 알 수 있을 겁니다.

"어느 레고 성을 10분 만에 금방 만들었어. 또 다른 레고 성은 한 시간 걸려서 완성했어. 어느 것이 더 멋있을까?"

"어느 그림은 10분 만에 그렸어. 다른 그림은 한 시간 넘게 애써서 완성했어. 어느 그림이 더 소중할까?"

더 오랜 시간을 쏟아야 그 대상이 나에게 더 소중해집니다. 쉽게 이룬 것은 사랑하기 어렵습니다. 친구도 그렇죠. 새학년이 되어 하루 이틀 만난 친구와 유치원 때부터 몇 년 동안 사귄 친구는 느낌이 전혀 다릅니다. 음식도 요리 시간만큼 소중해집니다. 몇 분 만에 완성되는 라면이 맛있다고 하지만, 연속 세 끼 라면을 먹어야 한다면 고역이겠죠. 오래 정성껏 만든 음식이 감동과 기쁨을 줄 수 있는 겁니다.

시간을 많이 바친 대상이 더 소중해진다는 진실을 가르치면서, 부모마음도 전할 수 있죠. 만약 20여 년 전으로 돌아갈 수만 있다면 아이에게 이렇게 일러줄 것 같습니다.

"엄마는 네가 소중해. 태어난 그 순간부터 소중했어. 근데 이상한 걸느끼게 되더라. 네가 매일매일 더 소중해지고 있다는 거 아니? 시간이 갈수록, 너에게 바치는 시간이 길어질수록 엄마는 더욱 더 너를 사랑하게 돼. 오늘도 널 사랑하지만, 내일이면 더 많이 사랑할 거야."

시간과 사랑은 비례합니다. 하지만 많은 사람이 시간 투여를 싫어합니다. 뭐든 빠르고 쉽게 끝내고 싶어 하죠. 조급증입니다. 조급하지 않은 아이에겐 사랑하는 게 많이 생깁니다. 시간 투여가 당연하다고 믿으니까 두꺼운 책을 좋아할 수 있고, 오랜 바이올린 연습을 사랑할 수 있습니다. 반대로 마음이 급한 아이는 갈수록 싫어하는 게 늘어날 수밖에 없죠.

무엇이든 시간과 비례해서 소중해진다는 진리를 가르치면, 우리 아이가 사랑이 많은 아이로 자라게 됩니다.

너의 작은 지혜가
큰 어려움을 이기게 돕는다

누구나 살면서 어려움을 겪습니다. 위험에 빠지기도 하죠. 스스로는 도저히 감당할 수 없는 일들이 우리를 찾아옵니다. 무엇이 그런 곤란에서 벗어나게 해줄까요? 바로 지혜가 아닐까 싶습니다. 지식이 아닌 지혜의 가치를 교육하는 노력이 불충분했던 것도 저희 부부의 후회 중 하나입니다.

지혜의 가치를 알려주는 동화는 많은데, 저희 부부라면 이솝 우화 중 하나인 〈늙은 사자와 여우〉를 택할 것 같습니다. 기력이 약해져서 사냥을 할 수 없게 된 늙은 사자가 어떤 방법 하나를 생각해 냅니다. 사자 굴에 아픈 척하고 누워 있다가 병문안 오는 동물들로 배를 채우기로 한 것입니다. 일은 계획대로 잘 되어가고 있었어요.

그런데 어느 날은 저녁감인 여우가 가까이 오기는 했는데, 굴 안으로 들어오지 않으려 했습니다. 사자가 왜 굴에 들어오지 않느냐고 묻자 여우가 이렇게 답합니다.

"다른 동물들이 들어간 발자국은 있는데 나온 발자국은 없네요. 나도 들어가면 나올 수 없다는 뜻이겠죠."

무서운 사자의 먹잇감이 될 뻔한 여우를 구해준 것은 무엇일까요? 바로 지혜였습니다. 아이에게 이런 퀴즈를 내면 재미있는 대화가 이어질 것 같네요. "〈토끼의 재판〉, 〈헨젤과 그레텔〉, 〈장화 신은 고양이〉의 공통점이 뭘까?"

물론 여러 가지 답이 가능할 텐데, 여기서 이야기하고 싶은 주제는 지혜입니다. 위의 이야기들은 '작은 사람(동물)이 커다란 사람(동물)을 이겨낸 동화'라는 공통점을 갖고 있어요. 〈토끼의 재판〉에서는 호랑이가 자신을 함정에서 구해 준 사람을 잡아먹으려 하자 지나가던 토끼가 꾀를 내어서 호랑이를 혼내줍니다. 〈헨젤과 그레텔〉에서는 어린 남매가 지혜를 발휘해 무시무시한 마녀를 물리치고 집으로 돌아옵니다.

〈장화 신은 고양이〉에서는 장화 신은 고양이가 괴물을 꾀어 쥐로 변신하도록 한 후, 잡아먹습니다. 괴물의 성은 주인에게로 돌아갑니다. 〈다윗과 골리앗〉 이야기도 같은 부류에 속합니다. 〈다윗과 골리앗〉에서는 작은 소년 다윗이 거대한 군인 골리앗에 맞서서 지혜롭게 싸운 끝에 승리합니다.

어느 시대, 어느 나라에서도 같은 모양입니다. 작은 지혜로 거대한 위력에 맞설 수 있습니다. 위험에서 사람들을 구해주는 것은 지혜입니다. 많은 동화가 그 사실을 증명하고 있고요.

그게 동화가 아이들에게 꼭 필요한 이유인 것 같아요.

아이들은 몸이 작고 물리적으로 약하죠. 권리도 적습니다. 동화 주인공들도 대부분 똑같은 상황입니다. 아이들은 작고 미약한 동화 주인공이 지혜의 힘으로 큰 어려움을 헤쳐 나가는 걸 보며 희망을 가질 겁니다. 자신도 그럴 수 있다고 말이죠. 그래서 세상에 대한 두려움이 줄고 자신감은 커지게 될 겁니다.

작은 지혜가 아주 많은 것들을 이뤄냅니다. 우리를 위험에서 구해내고 바람을 이뤄주고 세상을 발전시킵니다. 그 사실을 알려주면 아이들이 지혜의 가치를 높게 보지 않을까요? 책을 읽고 생각하면서 지혜를 키워나가야 하는 이유를 어렴풋이나마 깨달을지도 모릅니다. 그렇게만 된다면 정말 다행이겠죠.

나쁜 꼬임을 물리치고
바른 선택을 해야 행복해진다

꼬임은 참 달콤합니다. 저희 부부의 경험으로는 어릴 적 아이들은 서로 많이 꼬입니다. 숙제를 미루고 놀자고 하거나, 귀가를 조금 미루고 맛있는 군것질을 하자거나, 심지어 시험 볼 때 부정행위를 도모하자고 의견을 내는 아이도 있죠. 물론 그게 자신일 수도 있고요.

저희 아이도 자잘한 유혹이 많은 환경에서 자랐을 텐데, 저희 부부는 경각심이 부족했던 것 같아요. 꼬임이나 유혹이라는 개념을 인지시키고 회피하는 방법을 알려줬더라면 아이 삶에 흔들림이 적었을 것 같습니다. 가령 '세상엔 항상 꼬임이 있는데 꼬임에 잘 대처해야 행복하다'고 믿게 된 아이는 실수나 후회를 적게 하고 안정감 있는 인생을 살 수 있을 겁니다.

꼬임 저항력을 어떻게 길러줄 수 있을까요? 저희 부부가 충분히 활용하지 못하고 수박 겉핥기식으로 읽어준 이야기가 있습니다. 바로 피노키오죠. 꼬임에 아주 약한 동화 캐릭터로는 단연 피노키오를 꼽을 수 있습니다. 피노키오는 어른도 감당 못하게 많은 꼬임을 겪는데, 꼬임은 두 종류였습니다. 내면에서의 꼬임과 외부에서의 꼬임.

내면에서의 꼬임부터 볼까요? 만들어진 지 얼마 안 된 나무인형 피노키오가 집을 떠나려고 하자 귀뚜라미가 말립니다.

"집 나갈 생각은 하지 마. 부모님 말씀을 듣지 않고 집 떠난 아이는 곧 후회하게 돼. 세상은 아주 위험하다고."

피노키오가 대꾸하죠.

"내일 새벽 이 집을 떠날 거야. 여기 계속 있으면 학교 가서 공부해야 돼. 그게 정말 싫어. 나는 나무에 오르고 풀밭에서 뛰어 놀고 싶어."

"공부가 싫으면 일이라도 하는 게 낫지 않을까?"

"나는 일도 싫어. 편하고 게으르게 지내고 싶어. 알겠니?"

"그런 생각은 옳지 않아~"

귀뚜라미의 간섭이 이어지자 피노키오는 짜증을 내며 망치를 던져서 맞혀 버립니다. 그때 피노키오를 누가 꼬인 것이 아닙니다. 피노키오의 마음속에서 유혹이 생겨났습니다. 피노키오가 거짓말을 했을 때도 누가 시켰던 것은 아닙니다. 자기 마음속에서 꼬임이 생겨서 거짓말을 하게 되었습니다.

원작을 보면 피노키오는 금화를 갖고 있으면서도 잃어버렸다고 요정에게 거짓말을 합니다. 그러자 코가 5cm 정도 길어지죠. 그 다음에는 실수로 삼켰다고 거짓말을 했어요. 또 코가 길어졌습니다. 피노키오가 거짓말을 할수록 코가 길어져서, 얼굴을 돌릴 때마다 벽과 천장에 부딪혔습니다. 너무나 힘들었겠죠.

요정은 뉘우치는 피노키오의 코를 어떻게 원래대로 돌려놓았을까요? 수백 마리의 딱따구리를 불러들여서 피노키오의 코를 쪼게 해서 원래 크기로 만들었습니다. 이런 원작의 내용을 알려주면, 우리 아이가 책에 흥미를 느낄 가능성이 높아져서 좋습니다.

피노키오가 집을 나가고 거짓말을 했을 때 피노키오를 꼬인 것은 바로 자신의 마음입니다. 자기 마음속에서 유혹의 독풀이 자란다는 걸 인식하는 아이는, 유혹에 대한 저항력이 높아질 것입니다.

한편 피노키오는 외부의 유혹도 숱하게 겪었습니다. 여우와 고양이가 피노키오를 여러 번 꼬여서 어리석거나 나쁜 짓을 하게 했어요. 피노키오의 한 친구는 공부는 전혀 할 필요 없이 놀기만 해도 되는 곳이 있다고 유혹해 피노키오를 데려 갔습니다. 그곳에서 피노키오는 당나귀로 변해 큰 고생을 하죠. 피노키오를 꼬였던 친구도, 피노키오도 당나귀가 됐습니다. 친구는 죽을 때까지 밭에서 일했고, 피노키오는 겨우 죽음을 면하고 원래 모습으로 돌아왔습니다.

아이에게 이렇게 말해줄 수 있습니다.

"꼬임은 내 마음속에서도, 내 마음 밖에서도 생긴다."

"돈, 게임, 먹을 것으로 너를 꼬이는 사람은 누구든 위험한 사람이야."

"나쁜 유혹을 이겨내야 행복해져."

달콤한 음식, 휴대폰 사용 등 어떤 유혹을 느꼈을 땐 생각해 봐야 합니다. '이 행동이 옳은가? 이 행동이 나에게 정말 이로운가? 아니면 해로운가?' 이를 판단한 후에 꼬임을 이겨냈다면 후회 없이 행복할 겁니다. 만약 유혹에 빠졌을 때 아무런 판단 없이 꼬임에 넘어갔다면 후회가 밀려와서 불행해질 겁니다.

인생은 선택의 연속이라고도 하잖아요. 그리고 선택에는 좋은 선택과 나쁜 선택이 있으며, 선택이 결과를 낳습니다. 이 자명한 삶의 이치를 좀 더 재미있게, 그리고 알아듣게 가르쳐주면 아이의 행복 가능성은 높아지리라고 봅니다.

물론 유혹을 이겨내는 게 어디 쉬운 일인가요? 가끔 유혹에 넘어가는 것도 인간적이에요. 건강을 좀 해치는 튀김 음식도 먹고 가끔은 몰래 게임을 할 수도 있는 거죠. 그럼 회복력이 중요하겠죠. 작은 유혹에 빠져 잠깐 탈선했다가도 금세 자기 길로 돌아오는 회복력 말입니다. 저희 부부는 그런 회복력의 진가를 육아 시절에는 알아보지 못했네요.

남의 평가를 신경 쓰면
남의 노예가 된다

아주 단순한 동화에서도 깊고 큰 교훈을 얻을 수 있다는 걸 그때는 몰랐습니다. 〈백설 공주〉 이야기만 해도 그렇죠. 백설 공주는 입술은 빨갛고, 머리카락은 까맣고, 피부는 눈처럼 하얀색이었습니다. 이 사랑스러운 딸을 낳고 얼마 지나지 않아 친모는 숨지고 말았고, 일 년 정도 있다가 왕이 재혼을 했는데, 새로운 왕비가 백설 공주에게 상상도 못한 고통을 줍니다. 그런데 왕비는 왜 그렇게 악한 사람이 되었을까요? 아이에게도 물어볼 수 있습니다.

"그 왕비는 왜 그렇게 나쁜 짓을 하게 된 걸까?"

"원래 나쁜 사람이에요."

"그럴 수도 있지. 또 다르게 볼 수는 없을까?"

"백설 공주가 자기보다 예쁘니까 미웠던 거예요."

"그것도 맞아. 그런데 왕비가 나쁜 짓을 저지른 또 다른 이유는 없니?"

"……"

왕비가 원래 사악한 사람일 수 있습니다. 백설 공주의 미모를 시기했기 때문에 나쁜 사람이 되었다고 분석할 수도 있겠죠. 그런데 시각에 따라서는 또 다른 설명도 가능합니다. 왕비는 타인의 인정을 갈망했기 때문에, 나쁜 사람이 되고 말았다고 볼 수 있어요.

왕비가 타인의 평가에 과도하게 의존한 것이 문제였습니다. 특히 마법 거울의 평가에 목을 매다시피 했어요. 왕비는 마법의 거울에게 자주 물었죠. "거울아, 거울아, 이 세상에서 가장 예쁜 사람은 누구니?" 그런데 거울이 어느 날 거울이 청천벽력 같은 대답을 했습니다.

"왕비님도 굉장한 미인입니다. 하지만 백설 공주가 백 배 천 배 아름답습니다."

이때 왕비가 거울의 평가를 가볍게 여겼다면 이렇게 말했겠죠.

"너는 그렇게 생각하는구나. 하지만 나는 내 얼굴이 마음에 들어."

그렇게 말하고 돌아섰다면 왕비는 백설 공주를 해치지 않았을 거고 희대의 동화 빌런으로 남지도 않았을 겁니다. 하지만 왕비는 거울의 평가가 너무나 중요했어요. 거울에게서 "왕비님이 가장 아름답습니다"라는 말을 듣는 게 더없이 중요했기 때문에, 비윤리적이고 잔인한 짓을 저지른 것입니다.

이런 상황을 놓고 아이에게 물어볼 수 있습니다.

"왕비가 마법 거울의 주인일까? 아니면 왕비의 마음을 좌우하는 마법 거울이 주인일까?"

심리적으로 왕비는 거울의 노예였습니다. 거울의 평가를 중시했기 때문에 노예가 된 것이라 볼 수 있죠. 이 원리는 현실에서도 똑같아요. 타인의 평가에 가치를 부여하는 만큼 그 사람에게 예속됩니다. 남의 평가에 신경을 쓰면 남의 노예가 되는 겁니다. 아이에게 이렇게 말해줄 수 있겠어요.

"남의 평가도 중요해. 사람들의 시선도 신경을 써야지. 하지만 조금만 신경 써야 해. 그래야 네가 자유로울 수 있으니까."

물론 타인에게서 완전히 자유로운 건 불가능하고 이상적이지도 않죠. 인간은 사회적 동물이니까요. 그래도 타인의 시선과 평가를 지나치게 중시하는 게 우리 사회의 병이고, 그 감염 위험에 우리 아이들이 노출되어 있습니다. 과거로 돌아가 저희 아이에게 자기중심을 잡고 행복하게 사는 법을 알려줄 수 있다면 무척 좋겠습니다.

매주 목표를 세워 놓으면
삶의 주인이 된다

브레이크 없는 고속 열차에 갇힌 듯이 자기 인생을 통제할 수 없을 때가 있죠. 현기증이 납니다. 숨도 막히죠. 사람은 자기 삶의 주인이 되어야 행복할 수 있습니다.

저희 아이도 초등학교 고학년이 되면서 쫓기고 휘둘리는 삶을 경험하기 시작합니다. 그건 양이 많고 진도도 빠른 학원 공부 때문만은 아니었습니다. 스스로 목표를 세우는 능력이 부족했기 때문에, 수동적이게 되고, 그 결과 삶에 대한 통제력을 잃고 피로감을 느꼈던 것 같습니다.

지금 생각해 보니 구체적인 대응 방법을 말해줬어야 했습니다. 가령 삶의 주인이 되는 연습법에 대해서 들려줄 수도 있었습니다.

매일 또는 매주
목표를 세우고
달성하려고 노력한다.

내가 내 삶의
주인이라는 인식이
점차 또렷해진다.

나 자신과
나의 삶이 변화하는 걸
보고 느낀다.

자기 통제감을 느낀다.
자신감도 갖게 된다.

많은 심리학자나 자기계발 전문가들이 펼치는 주장의 공통 에센스를 추려 보면 위와 같이 정리할 수 있습니다. 어떤 종류이건 단기적 목표를 세워서 애써 달성하다 보면 장기적으로 삶의 주인 의식이 강해집니다.

기쁘고 행복한 삶을 위해서는 목표가 중요한데, 그러고 보니 동화나 영화의 주인공들은 모두 뚜렷한 목표가 있네요. 사랑을 이루겠다거나 (인어 공주, 야수, 개구리 왕자) 부자가 되겠다거나 (알라딘, 잭크) 가족과 행복하게 살겠다는 (헨젤과 그레텔, 피노키오와 제페토) 목표를 가슴에 꼭 간직하고 어려움을 헤쳐 나갑니다.

무엇이 되었건 목표를 갖고 있어야 삶의 효율성이 높아집니다. 수많은 관심사 중에서 중요한 몇 가지에만 집중하니까 노력 대비 성과의 비율이 상승하는 것이죠. 그리고 목표가 뚜렷하면 기분이 좋아집니다. 다른 괴로운 잡념이 끼어들 여지가 줄어들기 때문입니다.

마지막으로는 위에서 말했듯이 자기 통제감의 신세계를 경험하며 점차 삶의 주인이라는 자기 인식을 얻게 됩니다.

아이에게 이렇게 물어보면 좋을 것 같아요.

"숲속에 버려진 헨젤과 그레텔의 목표는 뭐였어?"

"아기 돼지 삼형제 중 막내가 원했던 것은 뭐였니? 그 꿈이 이뤄졌니?"

"〈눈의 여왕〉에서 게르다의 목표는 뭐였다고 생각하니? 그 목표를 이루기 위해 어떤 일을 했고 무엇을 참아냈지?"

아이의 생활에 대해서도 비슷한 질문을 할 수 있습니다.

"이번 주 너의 목표는 뭐니?"

부모들이 공부 목표를 제시하는 건 위험해요. 아이는 함정에 걸렸다 싶을 테니까요. 공부 목표를 받아들이면 좋겠지만 아니라면 아이가 쉽고 즐겁게 성취할 수 있는 목표를 예시하는 게 훨씬 낫겠죠. 아이에게 제시할 수 있는 '이번 주 목표'의 예를 몇 가지 소개합니다.

기분이 나빠지면 심호흡 열 번 하기

스마트폰 하는 시간의 절반만큼 책 읽기

피아노 연주를 하루 10분 더 하기

스트레스 생길 때마다 파란 하늘 보기

맛있는 음식 이틀에 한 번은 꼭 먹기

가슴에 숨겨 놓았던 불만을 엄마에게 말하기

친구들에게 좀 더 친절하기

조금만 더 침착하게 생활하기

하루에 30분 독서하기

피터팬처럼 신나게 지내기

콧속이 가려워지면 남이 안 보는 곳으로 이동하기

그 어느 것이든 머릿속에 목표가 굳건히 세워지면 삶의 무게 중심도 잡힙니다. 목표 없이 되는 대로 하루하루 지내면 무기력하고 수동적이게 되죠. 목표를 갖게 돕는 것은, 아이의 삶에 대한 태도를 바꾸는 길이 될 수 있어요. 월요일 아침에 한 번씩 물어보면 좋을 것 같아요.

"아무거나 괜찮아. 네가 맘대로 정해도 돼. 이번 주는 너의 소중한 목표가 뭐니?"

초등학교 5학년 즈음부터 공부도 학교생활도 힘들어하던 저희 아이는 1년 여 정도를 흔들리다 다시 성실하고 밝아졌습니다. 그런데 부모로서 자책하게 됩니다. 좀 더 어릴 때부터 스스로 크고 작은 목표를 세우는 연습을 시켰다면, 흔들리며 고생하는 기간이 짧았을 것 같은 생각이 듭니다.

친구의 자유를 인정하면
좋은 친구가 된다

다른 곳에서도 말했지만, 부모는 아이를 기르는 동안에는 양육에 급급합니다. 정신적 여유란 기대하기 힘든 호사입니다. 꼼짝 못하게 구속되고 속박된 느낌을 떨칠 수가 없습니다. 그런 답답한 마음속에서 자라는 게 있습니다. 바로 자유에의 열망이죠.

저희 부부도 그랬던 것 같아요. 경황도 여유도 없이 지낸 양육 기간 동안 자유롭고 싶다는 생각을 자주 했었습니다. 그런데 생각해 보면 그 중요한 자유의 문제에 대해서 아이에게는 거의 이야기하지 않았어요. 사실 아이에게 입을 벙긋한 기억도 나지 않습니다. 이 또한 후회스럽고 아쉬운 사실입니다.

사람은 자유를 원합니다. 구속받지 않고 자신의 뜻대로 행동하고 말하는 것이 자유이겠죠. 물론 무한한 자유는 불가능할 테지만, 규칙이나 합의 안에서의 자유는 폭넓게 보장되고 존중해야 할 것입니다.

그런데 자유가 아이의 생활과 무슨 상관이 있을까요? 직접적 관련이 있다고 볼 수 있어요. 자유의 의미를 알고 실천하는 아이는 아주 좋은 친구가 될 수 있습니다. 친구들에게 인기도 많아지겠죠. 그 사실을 알려주기 위해, 저희 부부라면 〈라푼젤〉을 대화 텍스트로 삼을 것 같습니다. 가령 이런 대화가 가능할 겁니다.

"〈라푼젤〉의 마녀는 어떤 잘못을 했다고 생각하니?"

"라푼젤을 탑에 가둔 게 큰 잘못이에요."

"맞아. 마녀는 라푼젤을 속박했어. 다른 말로는 라푼젤의 자유를 빼앗는 죄를 저질렀어."

"자유라고요?"

"자기가 원하는 대로 생각하고 행동하고 말하는 게 자유야. 마녀는 라푼젤의 자유를 침해했어. 침범해서 해를 끼쳤다는 뜻이지. 그게 마녀의 가장 큰 잘못이야."

마녀는 라푼젤에게 바깥세상은 위험하다고 겁을 줘서 생각을 방해했습니다. 또 탑 밖으로 나가는 걸 허락하지 않는 등 신체도 구속했죠. 그렇게 남의 자유를 침범했으니, 마녀는 나쁜 사람인 것입니다. 아이들도 친구의 자유를 존중하는 걸 배우는 게 좋습니다. 그런 아이는 친구에게 이렇게 말할 겁니다.

"네가 자유롭게 생각하고 결정하면 돼."

"아무도 너에게 강요할 수 없어. 원하지 않는 걸 강제로 시킬 수 없다는 뜻이야."

감동적인 의견입니다. 자유의 가치를 알고 인정해 주는 아이가 감탄과 호감의 대상이 됩니다. 또 다른 이점도 있어요. 자유 개념을 이해하는 아이는 짜증날 일도 줄어듭니다. 친구가 자신과 의견이 다르거나 동의할 수 없는 말을 해도 흔들리지 않습니다. 그건 친구의 자유니까 아무렇지도 않은 겁니다.

그런데 초등 저학년에게는 아직 자유 개념이 좀 어려울 수도 있습니다. 그러면 자유 존중의 어투만 가르쳐도 충분할 것 같네요. 아래처럼 말하도록 이끌어주면, 자유 존중의 태도가 우리 아이에게 저절로 스며듭니다.

~할래?

~하면 어떨까?

~에 대한 너의 생각은 뭐야?

강요하지 않습니다. 판단과 결정의 자유를 존중하는 말들입니다. 이렇게 타인의 자유를 인정하는 어미를 써서 질문하면, 자율성을 인정받은 상대방은 기쁨을 느끼겠죠. 그건 우리 아이의 인격과 품위가 높아진다는 뜻입니다. 아울러 친구들이 우리 아이를 좋아하게 될 겁니다. 자유 존중의 말투만으로도 우리 아이의 인격과 인기가 높아집니다.

그렇게 타인의 자유 혹은 자율성을 인정할 때, 아이는 자기도 모르는 사이에 삶의 진리 하나를 받아들이게 됩니다. "내가 모든 것을 통제할 수는 없다"는 사실을 알게 되는 거죠.

아이들은 흔히 자기가 원하는 결과가 나오도록 타인의 행동을 통제하려고 합니다. 엄마에게 생떼를 쓰는 것도 타인 통제 시도의 일종입니다. 친구를 만나서도 친구가 자기 뜻대로 움직이길 원하고 그렇게 만들려고 기를 씁니다. 그러나 다 허사일 뿐입니다. 타인을 자기 뜻대로 움직일 수 있는 사람은 없어요. 타인의 자율성을 인정한 후 공존과 조화를 택해야 사회 속에 살 수 있죠. 저희 부부는 이 중요한 조언을 해 준 적이 없었어요.

"남의 생각과 행동을 통제하려고 하지 마라. 다정하게 공존하는 법을 배워라."

자유, 자율성 그리고 독립성을 인정해 주면 친구들과 다정하게 공존할 수 있을 겁니다.

남을 미워하느니
즐겁게 노는 게 훨씬 낫다

상상해 보세요. 웬만해서는 남을 미워하지 않는 아이는 무척 행복할 겁니다. 친구가 미운 짓을 해도 웃어넘기는 아이의 마음은 늘 화창하겠죠. 그러니 웬만하면 남을 미워하지 않는 태도가 행복의 비결입니다.

저희 부부도 양육 시절에 그런 조언을 했었습니다. 그런데 충분치 않았던 것 같아요. 사실 효과적인 조언 방법도 몰라서 단순한 설교만 했었습니다.

아이를 미워하지 않는 사람으로 키우려면 단순한 훈계보다는 동화 스토리를 활용하는 것이 백배 나았겠죠. 아이와 함께 이야기하면 좋았을 동화로 〈골디락스와 곰 세 마리〉가 있습니다.

금발 소녀 골디락스가 숲속의 작은 집으로 들어갔습니다. 집에는 아무도 없었습니다. 그곳은 곰 가족의 집이었는데 끓여놓은 수프가 식는 동안 산책을 나갔기 때문에 집이 비었던 겁니다. 텅 빈 집에서 골디락스는 아기 곰의 맛있는 수프를 다 먹어버렸고, 아기 곰의 의자를 실수로 부수었고, 아기 곰의 침대에 들어가서 잠을 잤습니다.

얼마 후 아기 곰, 엄마 곰, 아빠 곰이 들어와서 침입자를 발견했습니다. 기척을 느끼고 눈을 뜬 골디락스의 코앞에 곰 가족이 서 있었죠. 골디락스는 깜짝 놀라 달아났고 곰 가족은 그런 골디락스를 빤히 바라만 보았습니다.

귀엽고 웃음 나는 이야기입니다. 여기서 우리 아이에게 질문을 해볼까요?

"골디락스가 달아난 후 곰 가족은 어떻게 행동해야 더 행복할까?"

첫 번째는 골디락스를 계속 떠올리면서 미워하고 화를 내는 것, 두 번째는 골디락스를 잊어버리고 다시 수프를 끓여서 웃으면서 맛있게 먹는 것, 이렇게 선택지를 주면 대부분 아이들은 두 번째라고 답할 겁니다. 정답에 가깝죠.

화를 내고 미워하는 동안 아기 곰, 엄마 곰, 아빠 곰의 속만 상합니다. 기분이 나빠져요. 불행한 기분이 듭니다. 그러지 말고 잊는 게 좋아요. 골디락스가 아직 뭘 모르는 어린 아이이고, 큰 피해를 입힌 것도 아니니까 관용할 수 있는 것이죠. 그렇게 미움에 빠져들지 않으면 곰 가족의 마음은 평화로워집니다.

두 번째 퀴즈를 내볼게요. 왕세자비가 되어 왕궁에서 편안하게 지내고 있는 신데렐라 이야기를 해보겠습니다. 아이에게 이렇게 질문할 수 있습니다. "다음 중 어떡해야 신데렐라가 더 행복할까?"

첫 번째는 자신을 괴롭힌 새엄마와 의붓 자매를 미워하면서 지내는 것, 두 번째는 자신을 괴롭힌 새엄마와 의붓 자매는 잊어버리고 신나게 왕궁 생활을 즐기는 것. 둘 중 두 번째가 더 낫겠죠. 아이들도 알겁니다. 남을 미워할 시간이 있으면 즐겁게 사는 게 훨씬 좋다는 걸요. 남을 미워하면, 내 아까운 인생을 허비하게 되는 겁니다.

억지로 용서를 해야 한다는 건 아니에요. 잊히지 않는 기억을 억눌러서도 안 되겠죠. 참을 수 없이 미우면 미워해야 천천히 마음이 풀리게 될 겁니다. 하지만 그 정도까지는 아니라면 작고 가벼운 미움 정도는 훌훌 털어버리는 게 낫지 않을까요?

살다 보면 미움 사는 행동이나 말을 하는 사람들을 가끔 만나게 됩니다. 그런 때에도 우리 아이들의 마음이 화창하길 빌어봅니다. 저희 부부가 다시 아이를 기른다면 이렇게 말해 주고 싶습니다.

"누군가 널 괴롭히거나 아프게 하면 화낼 권리가 너에게 있어. 널 힘들게 한 사람을 미워할 수도 있어. 하지만 너의 에너지를 나쁜 사람 때문에 너무 많이 허비하지 말았으면 좋겠어. 남 미워하느라 삶의 즐거움과 기쁨을 잃는 건 너한테 너무 큰 손해야. 골디락스와 신데렐라 이 야기를 떠올려 봐. 미운 사람 생겨도 잠깐 미워하고 빨리 기쁜 일에 몰 두해 보면 어때?"

사람의 진정한 아름다움은
감춰져 있다

저희 부부를 난감하게 만들었던 동화가 있습니다. 아주 단순한 동화인데, 생각할수록 어렵습니다. 작가는 대관절 무슨 말을 하고 싶었던 걸까요? 〈공주와 완두콩〉이 바로 그 동화입니다. 아시는 것처럼 주인공은 까다로운 왕자와 예민한 공주였죠.

어느 나라의 왕자가 '진정한' 공주와 결혼하고 싶어 했습니다. 많은 곳을 돌아다니며 여러 사람들을 만났지만 눈에 차지 않았던 왕자는 실망이 컸습니다. 그러던 어느 날, 비바람이 몰아치는 밤에 왕자의 성문 앞에 한 여성이 나타났습니다. 그 여성은 자신을 공주라고 소개했어요. 하지만 모두 고개를 갸웃거렸어요. 옷과 머리카락과 구두까지 완전히 젖어서 물에 빠진 생쥐 꼴이었고 전혀 공주 같지 않았던 겁니다.

하지만 아시는 것처럼 이 여성은 진짜 공주였고 왕자의 짝이 됩니다.

공주로 인정받은 것은 '완두콩 민감성 테스트'를 성공적으로 통과했기 때문이었죠. 여성은 성에서 하룻밤 신세를 지게 되었는데, 왕자의 어머니가 침대에 완두콩 하나를 놓고 그 위에 매트리스 20개와 깃털 침구 20개를 깔아 놓았습니다.

다음 날, 높디높은 매트리스 꼭대기에서 잠을 잤던 공주는 밤새 불편해서 뒤척였다고 하소연을 했어요. 대략 10미터 아래에 깔려 있는 완두콩 때문이죠. 뭔가 딱딱한 것이 허리에 배겨서 잠을 이룰 수 없었다는 것이었습니다. 왕비와 왕자는 감격합니다. 공주만이 가질 수 있는 민감성이 증명되었다고 판단했으니까요. 그렇게 해서 까다로운 왕자와 민감한 공주는 행복하게 결혼하게 됩니다.

안데르센은 〈공주와 완두콩〉을 왜 썼을까요? 이야기를 처음 냈을 당시에도 이야기에는 아무런 교훈도 없고 재미도 없다는 혹평이 많았다고 합니다. 150여 년이 지난 지금 읽어 봐도 대단찮은 이야기라는 게 첫 인상이기 쉬워요. 저희도 그렇게 판단했었고, 저희 아이에게 설명한 교훈을 이야기에서 찾아내지도 못했습니다.

그런데 최근 다시 읽어 보니, 여러 주제를 숨긴 재미있는 동화라는 판단을 하게 되더군요. 적어도 세 가지 주제에 대해 이야기할 수 있습니다.

첫 번째로 민감함은 고귀한 성향이라는 주장이 이야기에 들어 있어요. 많은 사람은 둔감하게 살아갑니다. 등이 조금 배겨도 코골면서 잠을 푹 자고, 좀 아름답지 않은 것을 봐도 불편하지 않으며, 삶의 모순이나 부조리도 대충 넘깁니다. 그런데 어떤 사람은 민감하죠. 뭔가 잘못된 것에 예민하게 반응해서, 불편을 느끼고 비판을 하고 괴로워합니다. 그런 예민함은 예술가적인 성향입니다. 흔치 않고 고귀한 기질이죠. 완두콩의 미세한 이물감을 크고 정확하게 느낀 공주도 아주 예민하고 고귀한 사람이라 할 수 있습니다. 동화 〈공주와 완두콩〉은 그 희귀하고 고귀한 예민성에 대한 찬사일지도 모릅니다.

두 번째로 〈공주와 완두콩〉은 개성 혹은 독특함을 칭송하는 글입니다. 공주처럼 예민한 사람은 보통은 비판의 대상이 되죠. 뭐 그렇게 까다롭냐는 핀잔을 듣기 쉬운 겁니다. 그러나 안데르센의 동화에서는 공주의 개성이 오히려 사람들을 감동시킵니다. 우리 모두는 독특한 존재이고, 그 독특한 개성은 존중받아야 하겠죠. 그런 주장이 동화에 깔려 있다는 설명도 가능하겠습니다.

세 번째 교훈이 가장 중요한 것 같아요. 초등 저학년 아이들도 수용할 수 있는 평범한 설명입니다. 사람의 진정한 아름다움은 감춰져 있다는 메시지가 동화의 중심 주제인 것 같습니다.

공주는 비에 완전히 젖어서 성을 찾아 왔습니다. 외모만 보면 절대 공주일 리가 없었죠. 그러나 아름다운 기품이 내면에 들어 있었습니다. 침대 예민성 테스트가 그 사실을 증명했죠.

아이에게 이렇게 질문하면 될 것 같네요.

"〈공주와 완두콩〉의 교훈은 뭐라고 생각하니?"

아이에게 외모 선입견만 알려 줘도 괜찮습니다. 아이가 그것만 이해하고 말할 수 있어도 문해력과 표현력이 아주 수준 높다고 할 수 있을 겁니다.

추가로 심화 질문도 가능합니다.

"친구(혹은 엄마)의 진정한 아름다운 뭐라고 생각해?"

"너의 가장 소중한 아름다움은 뭐니? 눈에 보이는 것이니? 아니면 마음속에 있니?"

사람의 진정한 아름다움은 숨어 있습니다. 장점도 진가도 겉으로 보이지 않을 때가 많죠. 안데르센은 아름다움이 숨겨져 있다는 사실을 아이들에게 말해달라는 부탁의 마음으로 〈공주와 완두콩〉을 썼던 것 같습니다. 그런데 저희 부부는 눈치 채지 못해서 메시지 전달자가 되지 못했습니다.

저희가 성인이 된 아이를 붙잡고 〈공주와 완두콩〉에 대해서 이야기하면 적잖이 어색할 것 같습니다. 모든 일에는 때가 있는 법이고 때를 놓치면 기회도 영영 사라지는 경우가 많죠. 그것은 〈공주와 완두콩〉의 의미를 한참 뒤늦게 깨달은 저희 부부가 공감하는 진리입니다.

CHAPTER 5

기억하길 바랍니다,
인생의 본질을

너 자신에게
진실한 사람이 되어라

아이에게 왜 이런 말을 못했을까요? 너 자신에게 진실해야 한다고 가르치지 못한 이유가 뭘까요? 자신에게 진실한 삶. 저희 부부가 삼사 십 대 양육자이던 시절에는 중요성이나 가치가 절실하지 않았던 주제입니다.

저희는 이렇게 믿었습니다. '마음속에 있는 생각을 다 꺼내 놓는 건 좋지 않다. 예의를 지켜야 한다. 말을 신중하게 골라야 하거나 참아야 현명하다.'

그런데 한두 번 생각해본 후에 꼭 피력해야 할 의견이라면 밝혀야 합니다. 남들과 생각이 달라도, 자기가 옳다고 믿는다면 솔직히 이야기하는 게 좋아요. 그게 자신에게 진실해지는 길입니다. 거짓말은 안 됩니다. 마음에 없는 소리를 하면, 그건 자신을 속이는 행위니까요. 아이에게 이렇게 말해줄 수 있습니다.

"거짓말은 너를 속이는 짓이야. 다른 사람들이 거짓말을 한다고 따라 해서는 안 된다."

"네가 진실이라고 생각하는 걸 말해. 누군가를 다치게 하지 않는 말이면, 얼마든 해도 좋아."

"남들과 생각이 달라도 괜찮아. 네 의견을 차분하게 밝히면 된다."

아이의 이해를 돕는 이야기로 〈벌거벗은 임금님〉만한 것이 없습니다. 사기꾼들이 '마법의 옷'을 내놓았을 때 임금님은 왜 옷이 아름답다고 거짓말했을까요? 임금님 눈에도 그 옷은 보이지 않았을 텐데요. 옷이 있지도 않았으니 보였을 리 없죠. 그런데 임금님은 아주 아름다운 옷이라고 칭찬하고 입는 시늉까지 했어요. 그렇게 말한 이유는 어리석은 사람 취급 받는 게 싫어서였습니다.

또 다른 이유도 있었습니다. 신하들 전부 이구동성으로 아름답다고 말했는데, 자기 혼자 다른 생각을 하고 있음을 밝히는 게 무서웠을 겁니다. 그래서 거짓말을 했던 거죠. 아이가 이 이야기를 여러 방면에서 생각하도록 요구하는 질문을 하면 좋겠습니다.

"임금님은 왜 옷이 보이는 척 거짓말했을까?"

"어리석은 사람이 되지 않으려고요."

"그렇지. 맞아. 그런데 다른 이유는 없었을까?"

"다른 이유가 또 있나요?"

"남들과 다른 말을 하는 게 무서웠어. 그것도 거짓말의 이유였지."

백성들도 마찬가지입니다. 임금님이 벌거벗고 옷 자랑 행차를 나섰을 때, 하나같이 새 옷이 아름답다고 소리 높여 말했습니다. 왜 그랬을까요? 눈에 옷이 보이지 않았는데도 그런 거짓말을 한 이유는 뭘까요? 보이지 않는 다수의 압력 때문이었습니다.

왕과 신하는 물론이고 이웃 사람들 전부 옷이 보이는 척 했어요. 그리고 옷이 아름답다는 말도 했고요. 이런 상황에서 자기만 옷이 안 보인다고 말했다가는 놀림을 받게 될 것 같아 무서웠을 겁니다. 그래서 백성들도 전부 거짓말을 한 겁니다.

세상 사람들은 다수가 하는 거짓말을 받아들이는 경향이 있습니다. 진실이 아닌 것을 알면서도 진실이라고 거짓말을 하는 것이죠. 벌거벗은 왕의 나라에 사는 대부분 사람들도 그랬습니다. 딱 한 명만 빼고요.

한 아이가 "임금님이 벌거벗었다"면서 깔깔깔 웃었어요. 이 아이는 자신에게 진실한 아이입니다. 자신이 진실이라고 생각하는 말을 했으니까요. 그 아이는 다수가 거짓말을 해도 진실하려고 노력했습니다. 보이지 않는 집단 압력을 물리친 것이죠. 아이는 천진난만했기 때문에 진실하고 용기가 넘쳤습니다.

아이에게 이렇게 질문하면 어떨까요? 저희 아이가 열다섯 살 정도 젊은 그 귀여운 아이로 변신한다면 꼭 해보고 싶은 질문입니다.

"네가 임금님이라면 사기꾼들이 옷을 내놓았을 때 뭐라고 말했겠니?"

"제 눈에는 옷이 보이지 않는다고 했을 것 같아요."

"맞아. 임금님은 그렇게 말했어야 해. 임금님은 자기 눈엔 옷이 보이지 않는다고, 나를 어리석다고 놀려도 상관없고, 안 보이니까 안 보인다고 말하는 것뿐이며, 진실하고 싶다고 말했어야 진정 진실한 사람이 될 수 있었지."

진실하게 말했다면 임금님은 벌거벗고 돌아다니는 창피를 당하지는 않았을 겁니다. 다수가 거짓말을 한다고 따라 해서는 안 됩니다. 우리 아이는 자기 마음속 진실을 말해야 합니다. 그래야 떳떳할 수 있습니다. 그것이 자신에게 진실한 사람이 되는 길이기도 하고요.

다시 한 번 기억의 창고를 뒤져봐도 저희 부부는 아이에게 "너 자신에게 진실한 사람이 되어라"라고 말한 적이 없는 것 같아요. 그런 표현을 사실은 잘 알지도 못했던 것 같아요. 하지만 뜻이 비슷한 말은 자주 했었죠. 가령 거짓말을 하지 말고, 자기 생각을 떳떳하게 밝혀야 한다고 조언을 하기는 했었습니다.

그런데 생각해 보면 '자신에게 진실한 삶'이 의미가 깊고 함축적이어서, 아이 마음에 오래 남았을 것 같습니다. 부모 노릇이 쉽지 않습니

다. 좀 더 세련되고 깊이 있는 표현을 고생스럽게 찾아내는 수고도 감
수해야 하니까요.

감동을 많이 하면
아름다운 인생을 살 수 있다

감동은 아름다움을 보고 느끼는 강한 감정입니다. 웃고 눈물 흘리고 가슴 떨게 만드는 감정이 감동입니다. 그런데 누군가 나에게 감동해 준다면 기분이 어떨까요? 그야말로 가슴이 뜨거울 겁니다. 아이에게 감동을 가르치면 좋겠습니다.

저희 부부가 아이 교육에서 특히 강조했던 것은 성실성과 사회성입니다. 할 일을 열심히 해야 하고 친구들과 잘 지내야 한다고 가르치는 데 교육의 중점이 있었던 겁니다. 그런데 성실성과 사회성만큼이나 중요한 가치가 여럿 있는데, 그중 하나가 감동을 느끼는 능력이고, 저희 부부는 감동 감수성이 높은 아이로 키우려는 노력은 부족했습니다.

과거로 돌아간다면 초등학생 아이를 앞혀 놓고 안데르센의 〈나이팅게일〉에 대해 대화하면서, 감동의 중요성을 알려주고 싶습니다.

이야기의 주인공은 중국을 다스리던 어느 황제입니다. 황제는 모든 것을 다 가졌습니다. 권력과 존경을 누리고 있을 뿐 아니라 상상할 수 없이 크고 아름다운 왕궁에 삽니다. 왕궁 건물의 벽은 손만 대면 바스러질 듯이 정교한 자기로 만들어졌고, 곳곳에 금과 은으로 장식되어 있습니다. 또 정원에는 희귀한 꽃이 가득하며 멀고 먼 바다까지 이어지는 아름다운 숲도 왕궁의 자랑거리였죠.

그런데 황제가 모르는 게 있었어요. 숲에는 어떤 보석보다 더 귀한 새 나이팅게일이 살고 있었습니다. 이 새의 노래는 아름답기 그지없었다고 합니다.

뒤늦게 소문을 들은 황제는 어떻게든 나이팅게일을 데려오라고 신하에게 명했고, 새는 결국 황제 앞에서 노래하게 됩니다. 나이팅게일의 노래는 실로 아름다웠습니다. 천상의 음악처럼 들렸죠. 황제는 너무나 감격스러워서 눈물을 흘립니다. 굵은 눈물이 황제의 두 뺨을 타고 내렸고, 권력을 손에 넣었을 때만큼이나 큰 기쁨을 느꼈습니다.

그런데 얼마 후, 나이팅게일은 어디론가 떠나고 황제도 중병에 걸립니다. 황제가 곧 죽을 거라고 모든 신하들이 확신했고 치료도 포기할 만큼 병이 위중했죠.

황제가 겨우 눈을 떴을 때 방은 쥐죽은 듯 조용했습니다. 그런데 가슴에 무거운 것이 올려 있는 것 같았어요. 저승사자가 떡하니 앉아 있었습니다. 황제를 데려갈 생각으로 찾아왔던 거죠. 저승사자를 코앞에 둔 황제는 이제 꼼짝없이 죽는구나 싶었습니다.

그런데 그때 창밖 나뭇가지에 나이팅게일이 내려앉더니 노래하기 시작했습니다. 노래는 아름다웠을 뿐 아니라 신묘한 힘도 있었어요. 저승사자와 그를 따라온 유령들은 점점 힘이 약해지더니 사라졌고, 황제의 피는 다시 돌기 시작했습니다. 생기를 되찾은 황제는 더없는 기쁨을 느꼈고 아름다운 음악을 들려준 나이팅게일에게 큰 감사를 표했습니다.

황제는 이렇게 말했습니다.

"고맙다. 아름다운 작은 새야. 날 위해 노래해 줘서 너무나 고맙다. 너의 노래가 나를 살렸다. 어떻게 보답해야 하겠니?"

나이팅게일의 답은 황제의 예상 밖이었습니다.

"저는 이미 보답을 받았는걸요. 제가 노래했을 때 황제께서 흘린 눈물은 제 마음에 영원히 남는 보석입니다. "

아이가 스토리의 핵심을 짚어내도록, 이렇게 파고드는 질문을 해보면 좋겠습니다.

"무엇이 황제를 살렸을까?

"나이팅게일의 노래 소리였죠?"

"맞다. 근데 왜 나이팅게일은 일부러 찾아와서 노래 불렀을까?"

"황제를 좋아했기 때문이죠."

"왜 좋아한 것 같니?"

"눈물 때문인가요?"

"맞다. 그러니까 황제를 살린 것은 감동의 눈물이었어."

황제가 저승사자에게서 풀려난 것은 권세 덕분이 아닙니다. 충직한 신하나 의사의 도움 덕도 아니죠. 황제를 살린 것은 *그가 과거에 흘린 감동의 눈물*입니다.

나이팅게일은 자신에게 감동했던 황제를 무척 좋아했어요. 감동하면 사랑을 받게 됩니다. 나의 아름다움을 알아주는 사람이 좋지 않을 수 없겠죠.

감동이 많은 아이로 키우는 게 좋지 않을까요? 친구의 말에서 놀라움을 찾아내고, 친구의 행동에서 아름다운 마음을 읽어내는 아이는, 감동을 자주 경험하게 됩니다. 친구들은 그런 아이에게 고마움을 느끼고 좋아하게 될 겁니다.

그러면 어떻게 해야 감동 많은 아이로 자라게 할 수 있을까요? 대상에게서 아름다움과 경이로움을 찾는 연습을 함께 자주 하면 될 것 같아요. 가령 이런 말을 아이에게 하는 겁니다.

"저 사람 굉장하지 않니? 어떻게 저런 놀라운 발상을 했을까?"

"네 친구 영철이가 그렇게 말했다고? 놀랍도록 창의적이구나."

"아빠 요리 솜씨에 엄마 감동했어. 매콤달콤 맛의 균형이 완벽하지 않니?"

감동 자극 말들입니다. 아이의 감동 세포에게 당장 깨어나라는 외침입니다. 사람뿐 아니라 석양, 꽃잎, 바람, 햇빛 등 자연물의 아름다움에 대해서 이야기해도 좋겠죠.

"새잎은 어쩜 이렇게 파랄까? 아주 예쁘지 않니?"
"오늘 햇살이 너무 아름답고 따뜻해. 아빠 마음이 행복해졌어."

저희 부부는 아이의 감동 세포를 깨울 언어적 자극을 주긴 했던 것 같습니다. 하지만 충분치는 않았어요. 작고 사소한 것에서 아름다움을 찾아내고 감격해서 웃고 박수 치는 게 큰 행복이라는 걸 저희도 예전에는 충분히 알지 못했던 겁니다.

감정적 결정은
눈 감고 달리는 것과 같다

　부모는 자신도 평생 어려워하는 일을 아이에게 요구합니다. 이를테면 감정적으로 판단하지 말라는 주문이 그런 종류입니다. 감정이 아니라 이성으로 판단하는 건 오십 대가 되어서도 어렵더라고요. 그렇다고 이걸 가르치지 말자는 말은 아닙니다. 좀 더 납득하기 쉽게 가르쳐서 아이의 이성적 판단력을 강화하는 길이 있다는 말씀을 드리려 합니다.

　성급하게 판단하지 말라거나 감정적으로 결정하지 말라고 훈계만 해서는 아이를 설득하기 어려울 거예요. 그 쉬운 사실을 육아 현장에 있을 때는 잘 몰랐어요. 이야기의 도움이 필요합니다. 이를테면 〈로미오와 줄리엣〉을 바탕에 깔고 말하면 좋았을 겁니다. 구체적 요령을 가르쳐 주는 것도 좋겠네요. 흔한 이야기지만 이렇게 말해줄 수 있겠습니다.

저희 부부는 놓치고 말았지만 《로미오와 줄리엣》이 이런 개념을 전 달하기에 유익했을 것 같아요. 무엇보다 감정적인 결정의 위험성을 가 르쳐 주기 때문입니다. 다들 기억이 어렴풋하실 텐데 결말 중심으로 말 씀드릴게요.

로미오와 줄리엣은 첫눈에 반해 마그마처럼 뜨거운 사랑에 빠지지만 두 집안의 강한 반대에 부딪칩니다. 강압적인 아버지의 명령으로 로미 오가 아닌 다른 남자와 결혼하게 생긴 줄리엣은 어느 신부님을 찾아가 도움을 청합니다. 줄리엣을 돕기 위해 신부가 꺼낸 것은 신비의 약이었 습니다. 도대체 어디서 구했는지 모를 그 약을 삼키면 몸이 가사 상태 에 빠져 죽은 것처럼 보이다가 42시간 후에 깨어난다고 했습니다.

신부는 전령을 보내서 이 모든 사실을 로미오에게도 알리겠으니 안 심하라고 했고, 줄리엣은 마음 놓고 약을 먹습니다. 신부의 예상은 적 중했습니다. 캐퓰릿가 사람들은 줄리엣이 죽었다고 믿어 의심치 않고 는 비통해 하면서 줄리엣을 가문 시신 안치소로 옮겨 놓았습니다.

한편 로미오는 신부가 보낸 전령을 만나지 못한 채 줄리엣이 죽었다 는 이야기를 시종에게서 듣게 됩니다. 안치소로 달려간 로미오는 줄리 엣을 보고는 극도의 비탄에 빠졌다가 감정적인 결정을 내리죠. 독약을 마셔 스스로 숨을 끊은 것입니다. 얼마 후 가사 상태에서 깨어난 줄리 엣은 이 끔찍한 현실을 보고는 똑같이 스스로 목숨을 끊죠. 그렇게 두 사람이 숨진 후에 깊이 반성한 몬테규 가와 캐퓰릿 가는 화해하게 됩니다.

아이에게 물어볼 수 있습니다.

"〈로미오와 줄리엣〉을 읽으니 어떤 생각이 드니?"

"슬퍼요. 두 사람이 무척 불쌍해요."

"그럼 로미오와 줄리엣을 숨지게 만든 건 뭐라고 생각하니?"

"부모들의 간섭 때문이죠."

"또 다른 이유는 없을까?"

로미오와 줄리엣의 생명을 앗아간 첫 번째 범인은 증오심이겠죠. 로미오와 줄리엣의 가문은 서로에 대한 미움을 다스리는 게 아니라 갈수록 키웠는데 그 결과가 사랑하는 아이의 죽음이었습니다. 미움 혹은 증오심이 위험한 감정이라는 걸 뚜렷하게 보여 줍니다.

그런데 두 사람의 죽음에는 또 다른 원인도 있습니다. 안타깝게도 로미오가 감정적인 결정을 내려 비극을 일으킨 것도 사실이에요. 물론 이해는 됩니다. 사랑하는 사람이 돌연 사망했으니 얼마나 가슴 아프고 비통했을까요? 하지만 흥분 상태에서 자신의 생명을 포기하지 않았다면 더 좋았을 겁니다.

로미오가 이성의 힘으로 감정을 추스르면서 줄리엣 옆에 앉아 있었다고 가정해 봐요. 머지않아 줄리엣이 깨어나는 걸 보고, 둘은 행복하게 결혼하고 아기도 낳고 부부 싸움도 실컷 하면서 잘 살았을 겁니다. 로미오가 감정적인 결정을 내리지 않고 몇 시간만 참았다면 두 사람의 운명은 달라졌을 겁니다.

아이에게 이렇게 물어보면 어떨까요?

"로미오가 감정적인 결정을 내리지 않았다면 어땠을까?"

"줄리엣이 깨어날 테니까 두 사람은 행복을 찾았을 거 같아요."

"맞아. 로미오가 조금만 더 차분했으면 얼마나 좋았겠니? 흥분 상태에서 감정적으로 결정을 내려선 안 되는 거야."

아이들도 로미오처럼 감정적인 상태에서 결정을 내리기 쉽죠. 슬프거나 화나거나 섭섭한 마음을 이기지 못해 성급하게 판단하거나 결정해버리면, 나중에 후회하게 된다는 걸 일찍부터 교육할 필요가 있습니다.

로미오와 반대로 이성적인 판단과 결정의 중요성을 보여주는 모범들도 많이 있어요. 셜록 홈즈가 대표적이죠. 아무리 복잡하고 다급한 상황에서도 셜록 홈즈는 감정이 아니라 이성에 따라 판단하고 결정합니다.

해리포터의 친구 헤르미온느도 비슷한 타입입니다. 가령 까다로운 마법 약을 만들어야 할 때, 다른 학생들은 당황하거나 서두르지만 헤르미온느는 차분히 정보를 분석하고 마법 약의 성분과 배합 비율을 정확히 계산한 후 과제를 해냅니다. 위기 상황에서도 흥분하지 않고 문

제 해결 방법을 이성적으로 찾아내는 태도는 헤르미온느의 장점입니다

"중요한 결정을 내리기 전에 먼저 네가 감정적으로 흥분한 상태인지 돌아봐야 해. 감정적이라면 잠시 마음을 가라앉힌 후 결정해라. 화났거나 슬픈 마음으로 결정을 내리는 건, 눈을 감고 달리거나 차를 운전하는 것처럼 위험해. 어딘가에 꽝 부딪힐 수 있단다. 기억해줘."

감정적인 결정은 눈 감고 운전하는 것과 다르지 않아요. 한치 앞도 고려하지 않는 행동이란 점에서 다를 게 없죠. 감정적이고 충동적인 결정을 경계하도록 도울 이야기들이 아이 책장에서 부모의 눈길을 기다립니다.

행동의 결과를
미리 생각해야 한다

"너는 왜 생각 없이 행동하니? 행동하기 전에 생각 좀 해라."

저희 부부가 말썽피운 아이에게 자주는 아니지만 가끔 던졌던 핀잔이었습니다. 지금 생각해 보면 틀렸습니다. 비틀지 말고 감정도 싣지 말고 이성적으로 말했어야 합니다. 가령 결과를 항상 예측해서 행동해야 한다고 가르쳐야 했던 거죠.

행위 결과 예측 능력을 가진 아이는 선택에 신중해집니다. 자기 삶에 대한 통제감을 갖게 됩니다. 미래를 내다보는 장기적 안목을 갖게 됩니다. 예를 들면 이렇게 질문하는 것으로 교육을 시작할 수 있습니다.

"여름철에 일하지 않고 놀기만 했던 베짱이 기억하지? 베짱이의 잘못이 뭘까?"

"너무 게을렀어요. 개미처럼 부지런했어야 했어요."

"정확한 설명이야. 그런데 베짱이에게는 다른 문제도 있었어."

"그게 뭐예요?"

"자기 행동의 결과를 생각하지 않았다는 거야."

〈개미와 베짱이〉는 나태함을 경계하게 하는 이야기입니다. 맞아요. 일반적이고 타당한 해석입니다. 그런데 우리 아이를 더 개성적이고 현명하게 만들 다른 시각이 있습니다.

한 단계만 더 깊이 들어가 보죠. 베짱이는 게으른 게 문제였습니다. 그런데 게을렀던 이유가 뭘까요? 그건 행동의 결과를 생각하지 못했기 때문이라고 할 수 있어요.

베짱이는 자신이 오늘 즐겁게 놀면 나중에 어떤 일이 벌어질지 몰랐거나, 알았더라도 심각하게 생각하지 않았을 겁니다. '어떻게 되겠지'라고 생각하면서 행동의 결과에 대한 생각을 회피한 것이죠.

개미는 달랐을 것 같아요. 개미는 상상했을 겁니다. 한여름의 고된 노동이 가져올 행복한 결과를 미리 그려봤다는 것입니다. 그렇게 행동의 결과를 예측한 후에 여름에 열심히 일할 용기가 났을 겁니다.

자기 행동의 결과를 생각하지 못해서 뒤늦게 후회하는 캐릭터들이 동화에 아주 많습니다.

아이에게 이렇게 물어보면 어떨까요?

"행동의 결과를 내다보지 못해서 어려움을 겪은 동화 주인공은 누구니?"

"음……"

"힌트를 줄게. "늑대가 ~"

"아하. 양치기 소년이군요."

늑대가 나타났다고 외치며 장난쳤다가 신뢰를 잃어버린 양치기 소년은 그 행동의 결과를 예측하지 못했습니다. 거짓말을 계속하면 마을 사람들이 얼마나 화가 날지 전혀 생각 못해서 잘못을 저질렀던 것입니다.

황금알을 낳는 거위의 배를 가른 부부도 행동의 결과에 대한 고려가 부족했죠. 물고기를 구해준 후 큰 재산과 높은 지위를 얻었지만, 너무 큰 욕심을 부려서 모든 걸 잃었던 어부의 아내도 다르지 않아요.

자기 행동의 결과를 미리 생각하는 아이는 삶의 수준이 높습니다. 남을 놀리는 말을 하기 전에 미리 결과를 예측합니다. 의무를 내팽개치고 놀고 싶을 때에도 미리 숙고할 겁니다. 신중하고 책임감 있는 아이가 될 수 있습니다.

아래처럼 질문하면 아이에게 도움이 될 겁니다.

"그렇게 차갑게(또는 따뜻하게) 말하면 친구 마음속에 어떤 일이 생길 것 같니?"

"어떤 선택을 해야 세 시간 후의 네가 더 기분 좋을까?"

그런데 이런 이야기를 압박의 수단으로만 쓰면 곧 거부당합니다. 아이들도 어른의 속셈을 뻔히 압니다. 아이들을 편히 풀어줄 때도 똑같은 논리를 유지하면 어떨까요?

"공부만 하면 어떻게 되겠니? 효율이 떨어지고 결국에는 공부가 싫어져. 그러니까 실컷 놀기도 해야지."

"가끔 야식도 먹어도 돼. 야식에 대한 욕구도 풀어줘야 스트레스가 줄고 몸과 마음이 건강해지는 거야."

물론 행동의 결과를 정확히 예측하는 건 불가능하죠. 삶은 미세하고 복잡하니까요. 그래도 예측 훈련이 정확도를 높입니다. 그렇게 되면 아이는 불확실성이 가득한 삶을 좀 더 편안하게 살 수 있을 겁니다.

좀 더 냉정한 조언 버전도 가능합니다. 아이가 감당할 수 있다면 좀 더 차갑게 말해주는 겁니다. 사람은 자기 인생에 책임을 져야 한다고 말이죠.

사람의 행위가 미래를 결정하는 경우가 아주 많습니다. 노력하면 그 성과가 생기고, 할 일을 회피하면 원치 않는 결과가 생기죠. 그러니까 사람은 자기 삶의 책임자인 것입니다.

물론 개인의 노력만이 결과를 결정하는 것은 아닙니다. 운과 우연도

작용합니다. 개인의 천성이나 환경도 변수죠. 하지만 결국 개인의 선택이 가장 결정적 변수일 겁니다. 아이 삶도 아이의 책임 아래 있다는 걸, 어릴 때부터 조금씩 천천히 깨우쳐 주면 좋겠습니다.

너의 삶에서 가장 소중한 순간은
바로 지금이다

머릿속에 뒤엉킨 과거, 현재, 미래 시간대. 이것을 인지시키는 노력의 가치를 저희 부부는 미처 무겁게 느끼지 못했습니다.

어른도 그렇지만 아이들 머릿속에는 시간대가 엉켜 있습니다. 현재가 과거 및 미래와 복잡하게 얽혀 있는 것입니다. 그래서 현재에 집중을 못하고 과거나 미래 생각을 하면서 시간을 허비하게 되죠. 시간만 아까운 게 아닙니다. 무의미한 것에 쏟는 에너지도 무척 아깝기는 마찬가지입니다.

부모들의 적절한 조언이 필요합니다. 과거, 현재, 미래가 혼란스럽게 뒤섞인 아이 머릿속을 깔끔하게 정리해줄 질문이 필요해요. 예를 들면 이렇게 말해주면 되겠습니다.

"과거의 잘못은 잊어 버려라. 미래에 대한 걱정도 머리에서 지워버려. 가장 중요한 순간은 지금이다. 지금 하는 일에 집중하기만 하면 된다. 과거와 미래는 삭제해 버려!"

아주 명쾌한 조언입니다. 아이 머릿속도 시원해질 게 분명합니다. 물론 과거에 무책임하라는 뜻은 아니죠. 과거를 반성하고 과거에서 교훈도 얻어야 합니다. 하지만 후회하면서 오늘을 허비하는 건 악어 입으로 들어가는 것처럼 해로워요. 미래도 같아요. 앞날에 대한 걱정도 해야 맞지만 미래 걱정 때문에 오늘을 소모한다면 모기 수십 마리에게 헌혈이라도 한 것처럼 기력이 쇠하겠죠.

아이에게 소중한 순간은 오늘뿐입니다. 지금 이 순간에 집중해야 행복할 뿐만 아니라 자신이 원하는 것도 이룰 수 있습니다.

하지만 악어나 모기 같은 비유를 활용해도 아이 마음이 요지부동일 수 있습니다. 그럴 때 필요한 것이 동화 이야기입니다.

양치기 소년을 생각해 볼까요? 아이에게 이렇게 물어보면 좋을 것 같네요.

"사건이 일단락된 후 양치기 소년이 마을 사람들에게 잘못을 사과했어. 이제 소년은 뭘 해야 할까? 계속 과거를 후회하면서 지내야 할까?"

"아니요. 후회만 하고 살면 안 되죠."

"그럼 어떡해야 하지?"

"이제부터 바르게 살도록 노력하면 되는 거 아닌가요?"

양치기 소년이라고 해서 과거에 묶여 있어서는 안 됩니다. 과거는 지나간 것입니다. 아무리 되돌아봐도 과거는 바뀌지 않아요. 양치기 소년이 진심으로 사과를 했다면 과거를 깨끗이 잊어도 됩니다. 이제는 오늘 일에 집중해야 하는 겁니다. 양들을 더 정성껏 보살피면서 하루하루 즐겁게 지내면 되는 거죠.

인생은 오직 현재로만 이루어져 있습니다. 우리는 현재만 살아야 합니다. 사랑하는 우리 아이들에게 이렇게 말해 주면 좋겠습니다.

"우리가 가진 건 오늘 뿐이야. 오늘을 놓치지 마라. "

"과거에 살지 말고, 미래를 염려하지도 마라. 지금 이 순간에 온 정신을 집중해."

"지금이 가장 중요해. 공부도 열심히 하고 TV도 재미있게 보고 친구들과 즐겁게 놀면서, 하루하루 행복하게 보내야 한다."

과거와 미래의 포로로 살아가는 사람이 세상에 수두룩합니다. 우리 아이들도 잘못하면 그렇게 자랄지 모릅니다. 안 됩니다. 막아야 합니다. 지금 이 순간에 몰입하는 아이가 행복하고 유능해지니까요. 현재 몰입 능력이 아이를 불안과 조바심으로부터 지켜줄 수 있습니다.

저희 부부는 어땠냐고요? 자주 이야기해 줬어요. "지금 이 순간이 가장 중요해. 아니 어쩌면 유일하게 중요한 시간이야"라고요. 그런데 부모인 저희가 먼저 과거 이야기를 자주 했던 것 같아요. "너 과거에 이런 실수 하지 않았니?"라는 식으로요. "지난번에도 약속 어겨 놓고 또 약속을 어기니?"라고 닦달한 기억도 납니다.

현재에 집중하라면서도, 아이를 과거의 죄책감에 붙잡아 놓으려고 애를 썼던 겁니다. 물론 교육을 위한 작전이라고 해도 이율배반적이고 모순적이었죠. 부모가 먼저 과거를 잊어야 아이가 현재에 행복하게 집중하게 될 것 같습니다.

금도끼라도
네 것이 아니면 받지 마라

〈금도끼 은도끼〉는 유명한 이야기죠. 그런데 아주 오래전에 거의 똑같은 이야기를 지어낸 다른 나라 사람이 있습니다. 기원전 600년 경 고대 그리스에 살았던 이솝이 그 작가입니다. 내용을 보면 우리가 알고 있는 이야기와 거의 일치합니다.

어느 날 한 나무꾼이 강가에서 나무를 하다가 실수로 도끼를 강물에 빠뜨리고 말았습니다. 강둑에 앉아 울던 나무꾼 앞에 헤르메스(소식을 전하는 전령의 신)가 나타나 사연을 들었죠. 딱해하던 헤르메스는 물속으로 들어가 금도끼를 들고 나왔습니다.

하지만 정직한 나무꾼은 자기 것이 아니라고 말합니다. 헤르메스가 은도끼를 들고 나왔을 때도 나무꾼은 정직하게 말합니다. 나무꾼의 정직성에 감동한 헤르메스는 쇠도끼는 물론이고 금도끼와 은도끼까지 선물합니다.

그런데 이 소식을 들은 나무꾼의 친구가 강가로 달려가 도끼를 일부러 강물에 빠뜨렸습니다. 그때 헤르메스가 나타나 도와주겠다면서, 물속에서 금도끼를 건져왔죠. 정직하지 못한 나무꾼의 친구는 그 금도끼가 자기 것이라고 말했습니다. 결말은 우리가 예상한 것과 다르지 않습니다. 나무꾼의 친구는 금도끼, 은도끼를 얻지 못했을 뿐더러 자신의 원래 도끼도 잃게 됩니다.

아주 오래전부터 이 이야기는 정직함의 중요성을 가르치는 동화로 여겨졌습니다. 산신령이 등장하는 한국형 '금도끼 은도끼'도 50년 전이나 지금이나 똑같은 교훈을 주는 데 쓰이고 있어요.

그런데 찜찜한 구석이 있습니다. 나무꾼은 정직해서 금도끼와 은도끼까지 얻었습니다. 아이에게 할 수 있는 첫 번째 질문입니다.

"우리는 보상을 받기 위해 정직해야 할까?"

"예?"

"금도끼와 같이 값비싼 것을 받기 위해서 정직해야 하냐는 거야?"

정직함은 보상과 무관하게 지켜야 할 가치입니다. 누가 칭찬하거나 용돈을 주거나 하지 않아도 정직해야 합니다. 정직해야 옳은 것이니까요.

사실 보상이 아예 없는 건 아니죠. 금덩어리보다 더 귀한 보상이 생깁니다. 바로 자부심입니다. 내가 정직하게 살고 있다는 자부심, 자신에 대한 그 뿌듯한 마음이 아이를 행복하게 만들고 빛나 보이게 만들게 분명합니다. 아이에게 하면 좋을 두 번째 질문도 있습니다.

"나무꾼은 금도끼와 은도끼를 받아야 했을까?"

"선물인데 받아야죠."

"나의 것이 아니라면 받지 않아야 옳지 않을까?"

나무꾼이 이렇게 말했다면 어떨까요? "감사하지만 금도끼와 은도끼는 저의 것이 아니므로 받지 않겠습니다. 마음만 받겠습니다." 그 후 나무꾼이 평소처럼 성실하게 땀 흘리며 살았다고 가정해 보세요. 훨씬 멋있지 않나요? 자부심은 더욱 높아졌을 테죠.

정직과 자부심의 가치를 일깨워 주기 위해 아이에게 이렇게 말해줄 수 있겠죠.

"금도끼라고 해도, 네 것이 아니면 받지 마라."

물론 부모마다 의견이 다를 수 있습니다. 아이가 다른 관점을 가질 수도 있겠죠. 그래도 질문만으로도 가치가 있다고 봅니다. 이렇게 새로운 시각에서 동화를 분석하면서 대화하다 보면, 아이의 시야도 넓어지고 자기 가치관도 더욱 분명해지는 계기가 될 겁니다. 저희 부부가 아이에게 말하지 못한 조언이 있습니다.

"황금 덩어리도 네 것이 아니면 돌같이 봐라. 노력한 이상의 시험 점수도 받아선 안 된다. 너는 너의 것만으로도 한없이 행복할 수 있어."

사람에게 가장 큰 기쁨을
주는 것은 사람이다

돈이 사람에게 큰 기쁨을 줍니다. 큰 집과 큰 차와 높은 지위도 마찬가지예요. 사회적 인정을 받거나 인기를 누려도 기쁨이 상당하죠. 저희 부부는 속물적인 부모라고 봐야겠네요. 대놓고는 아니어도 돈과 지위와 인정의 가치를 강조하면서 양육했으니까요.

그런데 돈, 지위, 인기, 그리고 심지어 반려동물도 줄 수 없는 기쁨을 사람이 줍니다. 위로하고 칭찬하고 사랑하는 사람들이 주변에 있어야 행복할 수 있습니다. 사람은 사람에게서 가장 큰 기쁨을 느끼는 게 아닐까요?

동화에서도 그걸 잘 보여줍니다. 동화 주인공들이 행복하기 위해서 사람이 꼭 필요합니다. 야수는 대저택에 부족할 게 없이 살았습니다. 하지만 미녀가 온 후에야 기쁨을 느낄 수 있었습니다. 백설 공주, 인어 공주, 신데렐라도 전부 좋아하는 사람을 만나서 해피 엔드를 맞았고, 브레멘 음악대의 동물들도 친구를 사귈 수 있어 행복했습니다.

저희 아이가 어릴 때는 없었던 작품이지만, 애니메이션 〈겨울 왕국〉에도 똑같은 메시지가 있습니다.

아렌델 왕국에 공주 둘이 있었는데, 언니 엘사는 원하면 언제든 얼음을 만들고 뭐든 얼리는 마법의 능력을 타고 났습니다. 엘사는 동생 안나와 놀다가 실수로 마법을 부렸고, 안나를 조금 다치게 합니다. 걱정에 빠진 국왕 부부는 엘사의 마법이 위험하다고 생각하고는 엘사를 고립시킵니다. 안나를 포함해 누구도 접촉하지 못하게 한 것이죠.

그러다 어느 날 국왕 부부의 배가 침몰했고 왕위를 엘사가 물려받게 됩니다. 왕위 승계를 축하하기 위해 백성들과 주변 나라들에서 사절단이 모였는데, 그곳에서 엘사가 실수로 마법을 부려서 여기저기를 꽁꽁 얼어붙게 만듭니다. 사람들은 기겁하죠.

자기 모습을 들켜버린 엘사는 깊은 산속으로 달아납니다. 거기서 자신이 마법으로 거대한 얼음 궁전을 짓고 홀로 살기로 결심하죠. 동생을 포함한 세상 사람들과 담을 쌓은 채로 말이죠. 그 유명한 노래 '렛 잇고'에는 이런 가사가 있습니다.

다 잊어. 다 잊어.

더 이상 참지 않겠어.

나는 이제 떠날 거야.

남들이 뭐라든 신경 쓰지 않아.

외로워도 상관없어.

엘사는 깊은 숲속 얼음 궁전에 혼자 살기로 합니다. 아무도 없이 말이죠. 하지만 영화의 끝에서 엘사는 사람들을 껴안게 되죠. 동생 안나와 백성들을 다시 만나고, 화해하고, 이해하고 사랑하면서, 행복한 삶을 영위합니다. 만일 얼음 궁전에 혼자 살았다면 엘사가 행복할 수 있었을까요? 아마 깊은 외로움에서 벗어나지 못했을 겁니다.

알라딘과 잠자는 숲속의 공주에게도 사람이 절대 필요했어요.

과거로 돌아가서 저희 아이에게 이런 질문을 해보고 싶습니다.

"알라딘이 큰 부자가 되었어. 황금으로 장식된 궁궐 같은 집에 들어갔는데, 사랑하는 공주가 없다고 생각해 보자. 가족도 친구도 아무도 없어. 큰 집에 혼자 있는 알라딘이 행복할까?"

부자가 되고 왕궁처럼 큰 집에 살아도, 사랑하는 사람이 없으면 공허할 수밖에 없겠죠. 사람에게는 사람이 꼭 필요합니다. 잠자는 숲속의 공주도 비슷한 교훈을 줄 수 있어요.

"잠자는 숲속의 공주가 100년 만에 깨어났다고 하자. 그런데 주변에 아무도 없었어. 왕자도 없었고 엄마, 아빠, 그리고 친했던 시종도 없었어. 넓은 성에 자기 혼자만 있는 거야. 그렇다면 100년 만에 깨어난 게 기쁠까? 외로운 공주는 차라리 다시 잠들고 싶지는 않을까?"

사람이 없으면 동화의 해피 엔드는 불가능합니다. 사랑하고 아끼고 걱정하는 사람이 곁에 있어야 우리는 기쁨과 행복을 느낄 수 있는 겁니다. 그 중요한 사실을 동화 스토리를 통해 가르쳐 주는 게 가능합니다.

물론 사람에게 가장 큰 아픔을 주는 것도 사람이죠. 수명이 다해서 떠나거나 다퉈서 헤어지는 등 사랑하는 사람과 헤어지는 것만큼 고통스러운 일도 없죠. 일상생활에서도 친구가 스트레스나 슬픔의 원인이 되기도 합니다. 그래도 사람이 주는 슬픔보다는 기쁨이 훨씬 크다고 봐야겠죠.

저희 부부는 아이를 기르는 동안 결국 사람이 행복의 근원인 걸 실감했지 못했습니다. 아이에게 이런 말을 해줬다면 지혜로운 부모였을 겁니다.

"돈과 지위와 인기보다 더 중요한 것이 사람이야. 널 좋아하는 사람에 둘러싸이는 게 진정 행복이지. 반대로 널 괴롭히는 사람과는 거리를 둬. 아무리 외로워도 말이야. 너를 이해하고 좋아하는 사람 없이는 행복할 수 없어. 무엇보다 사람을 소중히 생각해야 한다."

남을 수단으로
여기지 마라

부모는 자신의 아이가 리더십이 있기를 바랍니다. 저희 부부도 저희 아이가 이끄는 능력을 갖기를 바랐습니다. 저희가 생각했던 리더십의 요건은 두 가지였어요. 첫 번째는 통찰력입니다. 문제 해결책이나 올바른 진로를 파악하는 힘이 리더의 요건이라고 봤습니다. 두 번째로는 공감 능력입니다. 친구나 동료의 마음을 내 마음처럼 이해하는 능력이 리더를 만드는 건 분명한 사실입니다.

그런데 리더십의 중요한 요건이 하나 더 있다는 걸 양육 은퇴하고 뒤늦게 알게 되었습니다. 바로 윤리성입니다. 윤리적으로 올바른 사람이 타인을 이끌 수 있습니다. 한 나라의 수상이나 대통령이 윤리적이어야 하는 것과 같습니다. 그리고 윤리적 태도의 핵심이 있습니다. 그것은 타인을 수단으로 여기지 않는 것입니다.

사람은 수단이 아니라 목적이어야 한다는 건 윤리학의 기본입니다. 사람을 수단으로 여기면 나쁜 사람입니다. 그런데 그 말이 어린 아이에게는 조금 어려울 거예요. 더 쉽게 표현하는 것도 가능합니다. 이렇게 대화하면 될 것 같습니다.

"엄마가 꼭 하고 싶은 말이 있다. 남을 수단으로 여기면 안 된다."

"그게 무슨 말인가요?"

"남을 이용하지 말라는 뜻이야."

"이용이라고요?"

"자기 이익을 위해 남을 이용하는 사람은 나쁜 사람이라는 뜻이야."

"알듯 모를 듯해요. 예를 들어주실 수 있겠어요?"

동화의 예를 들어서 아이에게 이야기해줄 수 있습니다. 동화의 나쁜 캐릭터들은 대개 남을 수단시합니다. 남을 이용해서 유무형의 이득을 얻으려는 게 동화 속 악한들의 공통점이죠. 물론 현실에서도 그렇지만요.

늑대가 나타났다고 외친 양치기 소년은 왜 나쁜가요? 거짓말을 했기 때문입니다. 거짓말은 분명 나쁜 짓입니다. 그런 일반적 설명도 분명 옳습니다. 그런데 좀 더 창의적 설명도 가능해요. 양치기 소년은 사람들을 도구로 썼기 때문에, 옳지 않다고 할 수 있어요. 무엇을 위해서 사람들을 이용했냐고요? 자신의 즐거움을 위해서였어요.

거짓말 외침을 듣고 급히 달려오는 마을 사람들의 모습을 보면서 양치기 소년은 속으로 즐거워했을 겁니다. 그 즐거움, 놀리는 즐거움이었죠. 그때 마을 사람들은 양치기 소년의 즐거움을 위한 도구였어요. 사람을 도구로 이용한 건 양치기 소년의 큰 잘못입니다.

신데렐라의 새엄마도 옳지 않았어요. 이유는 여럿이지만 역시 신데렐라를 이용한 것이 큰 잘못이죠. 자기 몸이 편하기 위해서, 손가락 하나 까딱하지 않고 신데렐라를 종처럼 부리며 이용했습니다. 헨젤과 그레텔을 배 채우는 수단으로 여긴 마귀 할머니도 있었죠. 라푼젤을 탑에 가둔 마녀도 복수심을 채우기 위해 라푼젤을 이용했던 겁니다.

〈브레멘 음악대〉에서는 사람들이 당나귀, 고양이, 개, 닭을 마음껏 부려먹고 쓸모없어지자 버리거나 죽이려 했습니다. 사람들은 이득을 얻기 위해 동물들을 도구화했던 겁니다. 동물들 입장에서는 아주 나쁜 사람들일 수밖에 없겠죠.

현실에서도 다른 사람을 수단시하는 이들이 많습니다. 보통은 심리적 이득이나 경제적 이득을 얻기 위해서 남을 이용하는데, 그런 사람들은 옳지 않습니다. 우리 아이들에게도 알려줘야 합니다. 남을 이용하는 것은 나쁜 행동이라고 말이죠.

아이 사이에서도 친구를 이용하는 경우가 있어요. 어려운 일을 친구에게 떠넘기거나, 놀이하면서 친구의 순서를 허락하지 않거나, 물질적

이득을 얻기 위해서 접근하거나, 다른 누군가를 따돌리기 위해서 나에게 친한 척하는 아이들은 친구를 수단으로 이용하는 셈입니다.

그러면 남을 어떻게 대해야 할까요? 사람은 수단이 아니라 목적으로 대해야 옳습니다. 그러니까 사람을 본래 소중한 존재로 여기는 겁니다. 달리 말해서 그 사람을 기쁘고 행복하게 만드는 게 목적이어야 한다는 뜻이죠. 부모가 아이를 대하듯이 말입니다. 부모들은 이득을 바라서가 아니라 오직 아이의 행복 자체를 목적으로 아이를 대하죠.

동화에도 사람을 수단이 아니라 목적으로 여기는 캐릭터들이 있습니다. 백설 공주를 돌봐준 일곱 난쟁이가 그런 사람들입니다. 그들은 이득이 없었지만 백설 공주를 흔쾌히 도와줬습니다. 나중에 왕에게서 돈을 받거나 영지를 얻을 것을 바라지 않았습니다. 또 왕자처럼 결혼을 해서 왕의 사위가 되겠다는 생각도 없었던 것 같아요. 일곱 난쟁이는 길 잃은 백설 공주를 수단으로 여기지 않고, 순수한 마음으로 도와줬습니다. 백설 공주의 행복 자체가 목적이었던 것이죠.

〈아낌없이 주는 나무〉의 주인공 나무도 그랬죠. 소년을 기쁘게 하는 것 자체가 목적이었지 소년을 이용해서 이득을 얻을 심산은 없었습니다. 나무에게도 소년은 목적이었지 수단이 아니었다는 건 의심의 여지가 없는 것 같아요.

타인을 수단으로 여기지 않는 사람은 숭고합니다. 타인을 목적 자체로 여기는 사람이 박수와 존경을 받습니다. 아울러 리더십도 갖게 됩니다. 그를 모두 좋아하고 믿을 테니까 기쁘게 그를 따를 수 있는 것이죠. 우리 아이들도 그런 훌륭한 사람으로 자라면 좋지 않을까요? 반면교사와 정면교사 모두가 동화책에 있습니다.

따뜻한 사람과 행복은
돈으로 살 수 없다

우리 아이를 돈의 노예로 만들 것인가, 아니면 돈의 주인으로 키울 것인가. 자본주의 사회에 사는 우리 아이의 인생이 좌우될 문제인데, 부모들 대부분은 후자를 선택하실 겁니다. 돈의 노예는 불쌍해요. 평생 고삐에 끌려 다니며 강제 노동하는 누렁 소까지는 아니어도, 죽을 때까지 정해진 급식만 먹으며 갇혀 사는 동물원의 사자와 비슷하게 자유를 잃게 되니까요.

그런데 어떡해야 우리 아이가 돈의 주인이 되나요? 용돈 관리 연습을 시키는 게 좋다고 합니다. 정해진 용돈으로 소비를 계획하는 연습은 돈의 위력에 맞설 내성과 힘을 길러줄 수 있어요. 또 일찍부터 경제 지식을 교육해도 돈에 대한 자신감 내지 통제력이 커질 겁니다.

주식 호황기에 투자 기법을 가르치는 초등 교사들이 매체에 등장했었는데, 그런 돈벌이 기법 교육은 아이들을 외려 돈벌레로 만들지 않을까 염려스럽지만 일반적 경제 지식은 영양가 높은 교육 거리일 것 같습니다. 이도저도 안 되면 상속이라는 방법도 있어요. 수십억 원이나 수백억 원 정도를 물려주면 아이가 웬만한 낭비벽이나 투기벽으로는 평생 빈곤선 아래로 떨어질 확률이 급감합니다.

저희 부부는 다 해봤습니다. 돈을 수십억 원 물려주는 건 상상 속에서 해봤을 뿐이지만 용돈 관리 연습이나 경제 지식 교육은 시켜봤습니다. 그런데 그런 교육만으로는 부족하다는 걸 이제 깨닫게 되었습니다. 빠뜨린 중요한 게 있었어요. 아이를 돈의 노예가 아니라 돈의 주인으로 만들려면 돈의 아래도 옆도 아니라 돈의 위에 아이를 올려놓았어야 하는데 그걸 충분히 생각 못했던 거예요.

돈에 짓눌리지 않고 돈 위에 올라가기 위해서는 무엇보다 돈의 한계를 알려줘야 합니다. 갈수록 돈의 힘에는 한계가 없어 보입니다. 돈만 주면 자동차뿐 아니라 존경과 인기 등 뭐든 다 살 수 있을 것 같은 착각이 듭니다. 아이라면 더욱 그렇게 보일 겁니다. 스마트폰, 장난감, 예쁜 신발, 맛있는 음식, 게임 아이템 등 가장 원하는 것들은 전부 돈만 주면 살 수 있으니까 돈이 만능처럼 생각되겠죠.

하지만 돈은 전능하지 않습니다. 명백한 한계를 갖고 있습니다. 그 사실만 알려주면 우리 아이가 돈의 노예가 될 확률은 한층 낮아지지 않을까요?

저희 부부는 육아를 하는 동안에는 아이디어를 도저히 낼 수 없었습니다. 돈의 한계를 아이에게 입증할 방법을 알 수 없어 어찌할 바를 몰랐습니다. 그런데 이상한 일이 벌어졌어요. 양육을 끝내고 나니 양육 아이디어가 샘솟는 아이러니를 맞게 되었던 것입니다. 아래 내용도 수십 년 늦게 생긴 아이디어 중 하나입니다.

돈의 한계를 증명하려면, 아래 이미지가 참고가 될 겁니다. 행복이

행복의 조건들

긍정적 생각　가족의 사랑　웃음　기쁨과 희망　진실한 관계　사랑하는 사람　우정　삶의 목표　건강한 몸　옷과 신발　게임 아이템　지식　착한 마음　신형 휴대폰　지혜　맛있는 음식

만인 공통의 최고 목표입니다. 그런데 행복을 위해서는 뭐가 필요할까요? 당연히 많은 것들을 갖추어야 합니다.

위에서 구입할 수 있는 것이 뭔지 골라보면 압니다. 아이들이 원하는 휴대폰, 옷, 아이템, 간식거리 등을 돈으로 살 수 있습니다. 그런데 그것만으로는 행복할 수 없습니다.

건강이 행복의 필수 조건인데 돈만 있다고 건강할 수 없습니다. 수술비 등은 지불되겠지만, 운동과 절제 없이는 건강을 지킬 수 없으니까요. 또 친구를 돈으로 살 수 없어요. 사랑하는 가족이나 웃음과 긍정적 태도도 인터넷 쇼핑몰에 없습니다. 지식은 돈 내고 학원에 다닌다고 저절로 쌓이는 게 아닙니다. 웃음과 진실한 관계도 마찬가지죠. 어린 아이들이 도저히 이해 못할 행복의 조건, 즉 마음의 평화, 삶의 의미 같은 것도 구매 불가 항목입니다.

그렇게 일일이 열거해 주면, 돈의 한계가 분명히 보입니다. 그렇게 돈의 한계를 인지한 아이는 돈의 노예가 아니라, 돈의 주인이 될 확률이 높아질 것 같습니다.

이미지가 아니라 스토리를 활용할 수도 있습니다. 그 유명한 미다스 신화가 둘도 없이 적합해요. 그리스 신화에 등장하는 미다스 왕은 재산을 무척이나 사랑했던 사람입니다. 궁전의 넘쳐나는 금은보화가 미다스 왕의 가장 큰 기쁨이었습니다. 어느 날 그는 술의 신 디오니소스를 돕게 되었는데, 디오니소는 감사의 뜻으로 소원을 하나 들어주겠다고 말합니다.

미다스왕의 소원은 욕심쟁이다웠습니다. 손대는 모든 것이 금이 되는 능력을 달라고 청했던 것이죠. 돌덩어리도 금으로 바뀌었습니다. 흙을 만져도 물을 만져도 모두 눈부시게 아름다운 금덩어리가 되었습니다. 미다스왕은 인생 최고의 기쁨을 느끼게 되죠.

그런데 그 기쁨은 가장 큰 고통으로 변해갑니다. 즐겨 먹던 과일에 손을 대는 순간 먹을 수 없는 금덩어리가 되어 버립니다. 사랑하는 딸을 안았을 때는 더욱 놀랐죠. 딸이 황금 조각상으로 바뀌어 버린 것입니다. 미다스 왕이 손대는 것은 모두 생명을 잃었습니다.

미다스왕은 디오니소스에게 간청합니다. 자신의 황금 만드는 능력을 없애달라고 빌고 빌었습니다. 다행히 원래의 평범한 손을 되찾은 미다스 왕은 달라집니다. 돈이나 금에는 관심이 없다시피 했습니다. 사랑하는 사람들의 손을 잡고 이야기하고 웃으며 밥을 먹는 게 얼마나 행복한 일인지 깨닫게 됩니다.

이 이야기를 듣고도 창의적인 아이 중 일부는 의문을 갖게 됩니다. "음식을 집거나 사람을 안을 땐 장갑을 끼면 되지 않아요?" 부모들은 이렇게 되물으면 될 것 같네요. "딸기를 먹을 때도 장갑을 껴야 하고, 사랑하는 사람이나 강아지도 장갑을 끼고 쓰다듬어야 한다면, 아무리 황금이 많아도 행복할 거 같니?"

미다스왕 말고도 질문 거리는 아주 많아요.

"잭과 어머니는 이야기가 끝난 후에 행복하기만 했을까?"

"도둑들의 재산을 손에 쥔 알리바바는 영원히 행복했을까?"

잭과 알리바바가 큰 부를 얻었지만 그것만으로 행복이 보장되지는 않아요. 착하고 평화로운 마음을 가져야 행복합니다. 불안한 마음, 화난 마음, 성급한 마음은 어떤 부자의 행복도 산산조각 낼 수 있으니까요. 친구나 가족과의 좋은 관계 유지도 중요합니다. 그건 돈이 해줄 수 없죠. 그러니까 큰돈을 번 동화 주인공들의 행복은 보장된 게 아닙니다. 정반대 처지에 놓인 동화 주인공들도 있습니다.

"다시 가난해진 어부와 아내는 평생 불행하게 살았을까?"

돈이 없다고 꼭 불행하지는 않겠죠. 어부와 아내가 착하고 바른 마음을 갖고, 성실히 생활한다면 나름의 행복을 느낄 수 있을 겁니다. 돈이 대화 주제일 때는 심청도 아주 유용합니다.

"심청의 가장 큰 잘못은 뭐라고 생각해? 딸이 사라져도 돈만 있으면 아빠가 행복해질 거라고 심청이는 믿었는데, 그건 너무 큰 착각이고 잘못이 아니었을까?"

돈은 행복의 조건입니다. 시장에서 필수 상품을 구매하는 자본주의 세상에서는 돈이 무척이나 중요합니다. 돈이 없으면 불행해지기 쉬운 게 사실이에요. 그러니 성실히 일해서 돈을 벌어야 합니다. 돈을 가볍게 여겨서는 안 되죠.

하지만 돈이 전부가 아니라는 진리를 기억하는 건 더없이 중요합니다. 돈은 만능이 아니고 전능하지도 않잖아요. 위에서 본 사례에서처럼 돈은 허점이 많고 한계도 많아요. 무엇보다 돈은 행복을 보증하지 않습니다. 그 사실을 아는 아이는, 돈을 맹목적으로 숭배하지 않을 테고 돈에 목메는 노예가 되기도 싫어할 겁니다.

저희 부부는 해내지 못했지만, 돈보다는 자기 삶을 더 사랑하는 아이로 키우는 게 중요하다는 걸 일찍부터 알려 준다면 참으로 지혜로운 부모가 아닐 수 없습니다.

남이 대하길 바라는 대로
남을 대해 줘라

저희 부부는 아이에게 옳고 그름을 가르치는 게 쉽지 않았습니다. 교과서적 원리들이 있지만 현실과의 괴리도 문제이고 그 종류가 너무 많다는 것도 걸림돌이었습니다. 어떤 원칙을 알려줘야 하나 선택이 참 어려웠던 것이죠.

근래 깨달은 게 있습니다. 탑 오브 더 탑, 황금 규율을 고르면 되었습니다. 이것 하나만 알려줘도 아이에게 옳고 그름을 판별할 능력이 생길 것 같아요. "남이 너를 대하길 바라는 대로 남을 대해줘라." 이해가 쉽지 않다면 예를 들어주면 됩니다.

"친구가 너에게 웃어주길 바라니?"

"예. 저도 그러기를 원해요."

"그러면 너도 친구에게 많이 웃어줘라. 그게 옳은 행동이다."

다른 주제도 얼마든지 많아요.

"너는 아빠가 너에게 용돈을 주길 바라니?"

"예. 그래요."

"그러면 너도, 나중에 커서라도, 아빠에게 용돈을 줘라. 그게 옳다."

아이의 대인 관계에도 같은 원리가 적용됩니다.

"친구가 너에게 칭찬을 해주길 원하니?"

"예. 그렇죠. 칭찬을 들으면 기분이 좋아지니까요."

"그렇다면 너도 친구들에게 칭찬을 해줘라. 그게 바른 행동이다."

반대로 뒤집어볼 수도 있어요. 내가 원하지 않는 행동은 남에게 해서는 안 된다는 이야기가 됩니다. 예를 들어주면 아이가 더 쉽게 이해하겠죠.

"누가 네 일기를 훔쳐보면 좋겠니?"

"아뇨. 절대 싫어요."

"그럼 너도 남의 일기를 훔쳐보면 안 된다."

동화의 예를 들 수도 있습니다.

"누군가 너에게 독 사과를 주기를 바라니?"

"독 사과요? 아니요. 절대 싫어요."

"그럼 너도 남에게 독 사과를 줘서는 안 돼."

"너는 비난을 듣고 싶니?"

"비난이요? 싫어요."

"그럼 너도 남을 비난해서는 안 된다."

왕비는 백설공주에게 독 사과를 줘서는 안 됩니다. 그건 잘못된 행동이니까요. 독 사과 대신 비난, 험담, 속임수 등을 대입해서 폭넓게 응용할 수도 있습니다. 동화 속의 악한 캐릭터들에게 질문한다고 상상해볼까요?

"놀부야. 너는 누가 너의 다리를 부러뜨리면 좋겠니?"

"아니. 정말. 싫어."

"누가 너에게 다정하게 대해줬으면 좋겠니?"

"그래 나는 그걸 원해."

"그러면 남이 대해주길 바라는 대로 남을 대해주면 돼. 제비 다리를 아프게 말고 다정하게 대해줘야 하는 거야. 알겠니?"

그러고 보니 동화 속 빌런들의 공통점이 하나 도출됩니다. 내가 원하지 않는 행동을 남에게 하는 게 나쁜 사람들의 공통된 습관이에요. 놀부도 그랬고, 신데렐라의 의붓 자매도 그랬으며, 미운 아기 오리를 놀린 형제들도 똑같았습니다.

여기서 〈알리바바와 40인의 도둑〉이 개운치 않은 이유를 알 수 있습니다. 알리바바는 누가 자신의 보물을 훔쳐 가길 바라지 않았을 겁니다. 그런데도 비밀 주문을 알아낸 후 도둑들의 보석을 훔쳐 갔죠. 자기는 당하기 싫은 일을 남에게 행한 것입니다. 알리바바는, 지지하기에는 도덕적 얼룩이 있는 캐릭터였어요. 때문에 동화를 읽은 후에 개운하지 않고 찜찜한 것입니다.

"남이 너를 대해주길 바라는 대로 남을 대해줘라"는 격언은 동서양의 현인들이 말하는 황금률입니다. 이것만으로도, 평생 바름과 그름을 판단할 능력을 갖게 됩니다.

당연히 실천은 어렵습니다. 수십 년 수련한 사람들도 매번 지키기 어렵다고 합니다. 실천까지 하면 더할 나위 없이 좋겠지만 명심하기만 해도 대단합니다. 이 황금의 규율을 마음에 담아 두고 있으면, 자신과 타인의 행동 윤리성을 평가할 잣대가 생깁니다. 한번 마음에 뿌리 내려 자리 잡은 기준은 아이를 평생 반듯하게 지탱해줄 것입니다.

매일 마법 같은 일들이
너를 기다린다

힘든 하루 속에도 반짝이는 순간이 있죠. 밝은 햇살, 파란 하늘, 친구의 미소, 현명한 말 한마디는 매일 만나는 마법입니다. 그런 마법의 순간을 감지하는 능력이 우리 아이에게 풍부하다면 얼마나 좋을까, 하고 생각했던 때가 있습니다.

〈곰돌이 푸〉의 마지막 장면입니다. 황금빛 저녁 햇살을 받으면서 둥글둥글한 아기 곰과 분홍색 아기 돼지가 걸어갑니다. 둘도 없는 친구 푸와 피글렛이죠. 피글렛이 먼저 입을 열었습니다.

"푸, 너는 아침에 일어나서 무슨 생각을 제일 먼저 하니?"

"오늘 아침에는 뭘 맛있게 먹을까, 라고 생각하지. 피글렛 너는?"

"오늘은 또 무슨 신나는 일이 일어날까, 라고 생각해."

푸는 잠시 생각에 잠겼다가 말합니다.

"둘 다 똑같은 거야."

왜 둘이 똑같은 것일까요? 둘 다 행복하게 만드니까 똑같습니다. 오늘은 맛있는 뭘 먹게 될까라고 생각할 때 기대감에 젖습니다. 그리고 어떤 신나는 일이 일어날까, 라고 궁금해할 때도 역시 가슴이 들뜹니다. 그런 기대감 또는 설렘이 사람을 행복하게 만든다는 걸, 곰과 돼지가 가르쳐줍니다.

우리 아이들도 기대감을 갖고 살게 되면 좋지 않을까요? 생각해 보면 기대감의 재료는 아주 많습니다. 아이들을 행복하게 만들 일들에는 이런 것이 있죠. 맛있는 것 먹기, 친구들과 웃으며 놀고 이야기하기, 숙제 마치고 편안히 쉬기, 아무 간섭도 받지 않고 한 시간 보내기, 좀 지겹지만 책 읽기, TV나 유튜브 보면서 한두 번 웃기, 깜짝 놀랄 새로운 지식 얻기, 보이지 않지만 0.5mm 자라는 등등.

깜찍하고 앙증맞은 행복들은 이 외에도 아주 많습니다. 매일 작지만 즐거운 일들이 우리를 기다리고 있죠. 이 기적 같은 사실을 아이에게 납득시켜줄 수만 있다면 얼마나 좋을까요? 아이가 아침마다 기쁜 기대감을 품고 일어나게 될 겁니다. 아이들에게 이 질문을 자주 하는 것도 좋은 방법입니다.

"오늘은 어떤 기분 좋은 일이 생길까?"

"이번 주는 어떤 일 때문에 행복해질 것 같니?"

오늘 펼쳐질 행복을 미리 예상하게 만드는 질문들이죠. 아무 생각 없이 하루를 시작하는 게 아니라, 예상하거나 계획하면서 하루를 맞이하면 더욱 행복할 겁니다. 이러한 예시 말고도 우리 일상에는 마법 같은 일들이 아주 많아요.

우아하게 날아다니는 나비, 웃는 표정으로 달려오는 강아지, 붉은 석양, 파란 하늘과 하얀 구름, 밝은 햇살, 시원한 비, 따뜻한 엄마의 품….

앞서 감동에 대해 이야기한 적 있는데, 맥을 같이하는 내용입니다. 무감각하게 지나친 마법 같은 행복한 순간들이 있습니다. 매일 일어나는 신나는 일과 마법 같은 사건에 대해서 자주 이야기해 보세요. 아이의 행복 민감도가 높아질 겁니다.

돌아보니 저희 부부는 큰 행복만 생각했던 것 같아요. 사실 저희만 그랬던 것은 아닌 것 같아요. 몇 달 후의 시험 성적이나 몇 년 후의 고입, 대입 결과에 행복을 느끼려고 비장하게 기다리는 부모들이 많습니다. 초등학교 때부터 의대 입시를 준비하는 사회이니까 곁에 있는 소소한 행복은 눈에 들어오기 힘들죠.

하지만 작은 행복에 대한 무감각은 불행의 시작입니다. 기대감의 상실은 삶을 사막처럼 건조하게 만들죠. 작은 행복을 예민하게 느끼고, 자주 기대감을 갖는 삶도 충분히 아름답다고, 저희 부부는 이제 생각하게 되었습니다. 아이에게 한 번도 이런 말을 한 적이 없습니다.

"오늘 마법 같이 놀랍고 즐거운 일이 널 기다리고 있어. 오늘 하루도 행복하기를 바랄게."

여기 이름을 붙이자면 '마법 감수성'이겠네요. 마법과 같은 삶의 순간을 예민하게 알아채는 민감성이 우리 아이들을 더욱 행복하게 만들 거라고 봅니다.

지금도 늦지 않았습니다

부모는 아이와 함께 성장한다는 말이 있잖아요. 물론 맞는 말인 것 같아요. 그런데 놓치기 쉬운 중요한 사실이 있습니다. 부모와 아이가 동반 성장을 하기는 해도 속도의 차이가 있는 것 같아요. 아이의 성장이 훨씬 빠르고 부모가 월등히 늦게 자랍니다.

아이는 지식을 스폰지처럼 흡수하고 기쁨, 슬픔, 좌절, 성취감 등 다양한 감정의 미묘한 뉘앙스를 빠르게 익히면서 신속히 온전한 인간이 되어 갑니다. 아이는 낮잠 안 자는 토끼 같아요. 부모는 거북이고요. 부모는 30년 먼저 출발해도 결국은 대등해지거나 추월당합니다. 키부터 그렇죠. 처음에는 30센티 정도였던 아이가 부모의 키를 따라잡거나 추월합니다. 정신 성장도 마찬가지예요. 부모가 쉰 살 어른이 되면 아이도 스무 살 어른이 되는 겁니다. 쉰 살이나 스무 살이나 실은 큰 차이 없는 동등한 존재잖아요.

아이의 성장 속도가 월등하므로 부모는 자녀를 통제 하면 안 되는 겁니다. 느린 부모가 아이에게 고삐를 채우고 구속하려 들면 아이는 제 속도대로 자랄 수 없습니다. 거북이가 토끼의 목줄을 잡고 있는 것과 다를 게 없어요. 통제 대신 방향 설정만 해줘야 할 것 같습니다. 이를테면 이 방향이 옳지 않을까, 하고 제안을 하는 것이죠. 그렇게 방향만 잡아주면 아이가 스스로 알아서 달려갈 거라고 저희는 생각합니다.

방향 설정과 함께 감탄도 양육의 필수 요건입니다. 아이들은 부모의 도움 없이 빠르게 배우고 깨달으면서 걷잡을 수 없이 성장합니다. 오늘만 해도 학교에서 세상과 인간관계와 자신에 대해서 수십 가지를 배웠고, 집에 와서 마음으로 되새기고 있을 겁니다. 모든 아이는 어떤 어른보다 경이로운 존재입니다. 놀랍습니다. 감탄해 줘야 합니다. 우리 아이가 놀랍고, 신기하고, 감탄스럽다고 말해 주면 관계가 더 개선되고 집안 분위기가 화사해질 겁니다.

방향을 제시하고 감탄을 표현하려면 대화가 필요하겠죠. 그리고 대화에는 소재가 있어야 합니다. 동화, 소설, 영화, 드라마, 일상의 사건 등이 모두 훌륭한 대화 소재입니다. 그중에서도 아이에게는 익숙하고 재미도 있는 동화가 가장 좋은 매개겠죠. 동화 이야기를 하면서 "이런 방향으로 생각하면 어떨까?"라고 묻는 겁니다. 또 "주인공처럼 너도 아름답고 놀라운 존재다"라며 감탄을 들려줄 수도 있고요.

저희 부부는 상상합니다. 20년 전으로 돌아가서 아이와 재잘재잘 수다 떠는 시간을 많이 가지면 얼마나 좋을까. 굳이 시간 여행이 필요 없는 현직 양육자는 행운입니다. 이 책을 통해 듬뿍 듬뿍 대화하면서 부모님도 아이도 함께 무럭무럭 성장하기를 기원합니다.

이 책에 소개된 작품 리스트

★동화

《개구리 왕자》

《개미와 배짱이》

《골디락스와 곰 세 마리》

《공주와 완두콩》

《금도끼 은도끼》

《나이팅게일》

《눈의 여왕》

《늑대와 양치기 소년》

《늙은 사자와 여우》

《다윗과 골리앗》

《달타냥》

《로빈 후드》

《미녀와 야수》

《미다스의 손》

《미운 아기 오리》

《백설 공주》

《백조 왕자》

《빨간 구두》

《벌거벗은 임금님》
《보물선》
《성냥팔이 소녀》
《시골 쥐와 도시 쥐》
《신데렐라》

《신밧드의 모험》
《아기돼지 삼형제》
《아낌없이 주는 나무》
《알라딘》
《알리바바와 40인의 도둑》
《어린 왕자》
《엄지 공주》
《오즈의 마법사》
《욕심쟁이 개》

《이상한 나라의 엘리스》
《인어 공주》
《임금님 귀는 당나귀 귀》
《잠자는 숲속의 공주》
《잭과 콩나무》
《정글북》
《크리스마스 캐럴》
《토끼와 거북이》

《토끼의 재판》
《피노키오》

《피리 부는 사나이》
《피터팬》
《행복한 왕자》
《헨젤과 그레텔》
《황금알을 낳는 거위》
《홍길동》

★애니메이션

《겨울 왕국》
《곰돌이 푸》
《라푼젤》
《마당을 나온 암탉》
《장화 신은 고양이》

★책

《노인과 바다》
《누가 내 머리에 똥 쌌어?》
《레미제라블》
《로미오와 줄리엣》
《마지막 잎새》
《지킬 박사와 하이드》

그때 아이에게
이런 말을 했더라면

1판 1쇄 인쇄 2024년 8월 13일
1판 1쇄 발행 2024년 8월 21일

지은이 정재영
발행인 김형준

책임편집 박시현, 허양기, 홍민지
마케팅 성현서
디자인 design ko

발행처 체인지업북스
출판등록 2021년 1월 5일 제2021-000003호
주소 경기도 고양시 덕양구 삼송로 12, 805호
전화 02-6956-8977
팩스 02-6499-8977
이메일 change-up20@naver.com
홈페이지 www.changeuplibro.com

© 정재영, 2024

ISBN 979-11-91378-59-7 (13590)

체인지업북스는 내 삶을 변화시키는 책을 펴냅니다.